breasts

(.)(.)

breasts
(·) (·)

내 몸을 읽는 최신 인체 과학

바디 사이언스: 유방

필리파 케이 지음 | 안솔비 옮김

the body literacy library

내 몸을 이해하는 것은 인간의 기본적인 권리다.
이를 통해 우리는 자신을 관찰하고, 배우고, 이해하게 되며,
이 세 가지 단계를 거쳐야 자신을 깊게 이해하고 돌볼 수 있다.

<바디 사이언스 시리즈>에서는 내 몸의 아주 작은 신호에도
귀를 기울이는 법을 배운다. 책 속에는 조금은 쑥스러워
망설였던 질문에 대한 답과, 더 행복하고 건강한 삶을 살기 위해
필요한 우리 몸에 관한 모든 지식이 담겨 있다. 단순히 내 몸의
소리를 듣는 것에서 끝나지 않고 내 몸이 말하고자 하는
메시지를 이해할 수 있어야 자신을 지키는 힘이 생긴다.

이 책과 함께라면 있는 그대로의 나를
사랑하는 법을 배우고 앞으로의 건강과 행복을 위해
현명하고 긍정적인 변화를 만들어 갈 수 있다.

바로 지금부터 시작해 보자.

차례

08	10	24
들어가며	Chapter 1 유방이 존재하는 이유	Chapter 2 유방의 구조와 자가 검진

44	68	86
Chapter 3 사춘기	Chapter 4 사춘기 이후	Chapter 5 임신과 모유 수유

114	126	142
Chapter 6 폐경 이후	Chapter 7 유방에 이상 신호가 생겼을 때	Chapter 8 유방암

184	196	202
Chapter 9 유방 성형 수술	마치며 198 참고 자료	찾아보기 206 감사의 글

(.)(.)

들어가며

여러분은 유방에 대해 얼마나 자주 생각하고 얼마나 많은 이야기를 나누는가? 이 중요한 신체 부위에 대해 제대로 아는 사람은 많지 않다. 한쪽 유방을 잘랐다는 고대 아마존 부족의 이야기부터 오늘날 소셜미디어 속 '#가슴에자유를' 캠페인에 이르기까지, 유방이 수천 년 동안 논쟁의 대상이었다는 점을 떠올리면 참으로 모순적인 일이다. 그나마 사람들이 관심을 두고 이야기해 온 것은 유방의 건강이 아니라 유방을 대상화한 것이 대부분이었다.

지난 100여 년간 이러한 인식으로부터 많은 발전이 있었음에도 여전히 여성들은 겉으로 보이는 모습에 의해 평가받는다. 유방은 성적 매력, 모유 수유, 양육, 모성이라는 역할 속에서 끊임없는 논쟁의 대상이었다. 실제로 이 책을 집필하고 있던 어느 날, 한 여성이 마트 주차장 차 안에서 모유 수유를 한 행동을 두고 "부적절하다"라는 뉴스가 보도되었다. 아이러니한 점은 그 마트에서 판매하는 잡지 안에는 여성과 여성의 유방을 성적으로 부각한 사진이 실려 있을 게 뻔하다는 사실이다.

신체 기관 중에서 생식기만큼 다양한 속어가 사용되는 것은 아마 유방이 유일할 것이다. 영어권에서 유방을 가리키는 속어는 셀 수 없이 많다. 이 정도로 사람들의 관심을 받는 신체 부위는 거의 없다. 이 책에서 유방이나 가슴이라는 단어를 사용할 때는 딱히 성별을 구분 짓지 않았다. 사람은 누구나 자기 몸에 대해 알 권리가 있고, 이 책은 모든 사람을 위한 것이기 때문이다.

유방을 가지고 살아간다는 것 자체가 삶에 큰 영향을 끼치지만 오늘날 우리 사회는 유방을 어떻게 관리할 것인지에 대해서는 주목하지 않는다. 11세부터 18세까지의 여학생 2,000명을 조사한 결과 87%가 유방 건강에 대해 더 배우고 싶다고 응답했다. 이 결과는 우리 사회에서 유용한 정보를 찾기가 얼마나 어려운지, 얼마나 많은 여성들이 정보를 원하고 이 문제를 바꾸고 싶어 하는지를 여실히 보여 준다. 놀라운 사실은 이 중에서 약 절반 정도가 유방 통증이나 유방으로 인한 난처함 때문에 신체 활동에 방해를 받은 적이 있다고 응답했다는 점이다. 신체 활동은 건강을 위해 꼭 필요하고, 신체적으로나 심리적으로도 수많은 긍정적인 영향을 준다. 유방 건강 교육처럼 운동의 문턱을 낮출 수 있는 것이라면 무엇이든 큰 도움이 될 것이다.

건강과 관련된 다양한 분야에서 여성과 여학생을 위한 연구는 아직 부족하다. 유방 건강에 관한 연구도 마찬가지다. 세계보건기구 WHO는 건강에 대해 이렇게 정의 내렸다. "건강하다는 것은 단순히 병이나 질환이 없는 것이 아니라 신체와 정신, 사회적 안녕이 모두 갖춰진 상태를 의미한다." 이 말은 유방 건강에도 그대로 적용되며, 유방에 대해 올바르게 이해하는 사람이야말로 유방 건강에 대해서도 제대로 잘 관리할 수 있다는 사실을 다시금 상기시켜 준다. 실제로 스포츠 브라에 관한 연구는 오로지 운동선수에게만 초점이 맞춰져 있으며, 운동을 즐기는 사람이나 임산부에게는 주목하지 않는다.

여성은 유방암에 대해 막연한 공포를 느낀다. 유방을 자주 점검하는 것이 좋다는 건 알지만 어떻게 해야 하는지는 아무도 알려 주지 않는다. 유방을 키울지 줄일지에 대해서는 이야기를 나누어도 왜 유방에서 통증이 느껴지는지, 그럴 때는 어떻게 해야 하는지에 대해서는 침묵한다. 여성의 유두가 수백만 명의 시청자에게 노출되는 '의상 노출 사고'가 터지면 너도나도 신문 1면을 장식하지만, 유방의 건강과 관리법에 관해서는 아무도 관심을 쏟지 않는다.

이 책이 사람들의 인식을 바꿀 수 있기를 바란다.

Chapter 1

유방이 존재하는 이유

유방이 존재하는 이유는 무엇일까?

이 질문에 답하기란 그렇게 간단하지만은 않다.
신생아나 유아에게 모유 수유를 하는 것 말고도 고려해야 할 부분이 많기 때문이다.

신체 기관들은 대체로 역할과 기능이 분명하다. 심장은 몸 전체에 혈액을 돌게 하고, 폐는 공기에서 산소를 흡수하고 필요 없는 이산화탄소를 배출한다. 그런데 유방은 정확히 무슨 이유로 존재하는 걸까? 비교적 단순한 질문이지만 한마디로 답하기는 쉽지 않다. 생물학적 측면과 사회적 측면도 고려해야 한다. 다시 말해 누가 답하느냐에 따라 답이 달라질 수 있다.

생물학적 측면에서 인간과 영장류의 유방은 모유 수유를 위해 존재하는 것이 분명하다. 하지만 인간에게는 다른 영장류와는 다른 점이 있다. 여성의 유방이 사춘기 때 성장한 이후 계속 그 크기를 유지한다는 것이다. 다른 영장류의 경우 유방은 오로지 임신이나 모유 수유 기간에만 커지고 평소에는 다시 작아진다. 그렇다면 인간은 왜 사춘기 때, 그러니까 임신하기 전, 심지어는 생리도 시작하기 전에 유방이 커지는 걸까? 그리고 왜 폐경이 된 후에도 크기가 줄어들지 않고 그대로 유지될까? 그 이유를 설명하는 이론은 다양한데, 성적 매력을 발산하는 역할이나 수유가 끝난 후에도 아기가 붙잡을 수 있는 역할을 한다는 가설도 있다. 유방과 유두는 생물학적인 기능 외에도 많은 일을 한다. 성별과 관계없이 성감대가 되기도 하고, 성적 쾌감이나 흥분을 유발하는 데 중요한 역할을 한다. 유두를 자극하면 옥시토신이 분비되어 쾌감을 느끼는 경우도 많다.

• 유방의 구조

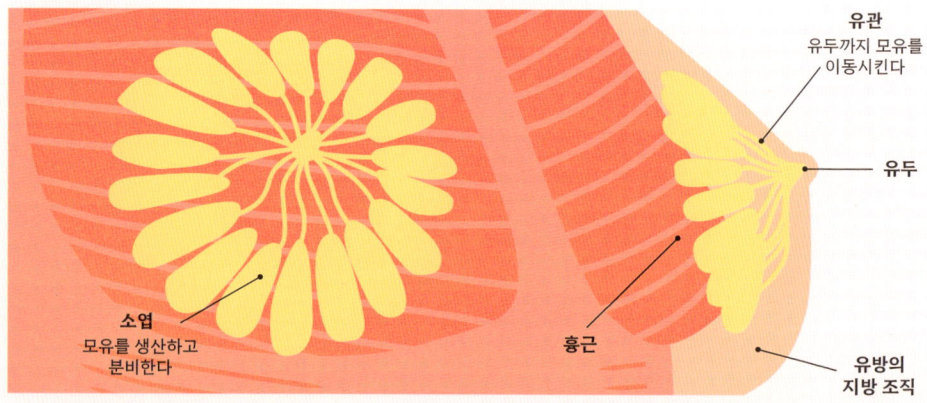

(.)(.)

유방의 진화

수천 년이 넘는 시간 동안 진화를 거듭해 온 인간의 신체는 지금과 같은 모습과 기능을 갖추었다. 모든 신체 기관이 그렇듯 유방도 중요한 역할을 맡는다. '자연 선택'이란 특정한 이점이 있는 유전자가 생존하고 번식할 가능성이 높다는 이론이다. 그 과정에서 인간은 유리한 유전자를 후손에게 넘긴다. 유방이 진화하는 과정에도 자연 선택의 요소가 존재할 가능성이 있다.

새가 화려한 색의 깃털을 달거나 침팬지가 구애 행위를 하며 짝을 찾는 것처럼 인간의 유방도 짝을 유혹하는 역할을 한다는 이론도 설득력이 있다. 유방의 크기가 임신이나 모유 수유와는 큰 관련이 없지만(유방의 크기와 상관없이 젖이 분비된다), 유방은 남성에게 자신이 여성이며 자손을 낳을 수 있다는 것을 알리는 표면적인 지표가 될 수 있다. 그렇다면 인간은 초기 영장류로부터 얼마나 많이 변했을까? 4개국의 남성을 대상으로 한 연구에서는 유방의 크기와 상관없이 응답자들이 단단한 유방을 선호한다는 결과가 나타났다. 이러한 결과는 유방이 남성에게 번식에 대한 신호를 보낸다는 이론을 뒷받침하는 것으로 보인다. 사춘기 때 성장한 이후로 유방이 그대로 유지되지만 시간이 흐르면서 조금씩 크기와 모양, 단단한 정도가 변하기 때문이다(일반적으로 갱년기 이후의 출산할 수 없는 여성의 유방은 더 부드럽다).

유방 속 지방 조직 양과의 연관성을 조사한 또 다른 연구에서는 식량이 부족한 시대에는 유방이 에너지의 근원으로 여겨질 수 있다고 한다. 이를 뒷받침하는 연구에서는 신체 상태에 따라 유방의 선호도가 달라질 수 있다고 결론 내렸고, 그중에는 배고픈 남성이 막 식사를 마친 남성에 비해 더 큰 유방을 선호한다는 연구도 있었다.

· 짝짓기 신호 보내기 ·

개코원숭이나 침팬지와 같은 영장류는 배란일이 가까워지고 짝짓기할 준비가 되었을 때 생식기 부위가 부풀어 오르고 분홍색으로 변하는데, 이를 통해 생식 능력이 있는 짝짓기 대상에게 신호를 보내게 된다. 인간은 진화 과정에서 직립보행을 했고 그로 인해 생식기가 눈에 잘 띄지 않게 되자 아마도 유방이 번식할 준비가 되었음을 보여 주는 하나의 지표가 된 것으로 보인다.

• 이상적인 유방의 크기

2,000명을 대상으로 한 연구에서는 여성과 남성 모두 평균 크기(C컵)의 유방을 선호하는 것으로 밝혀졌다.

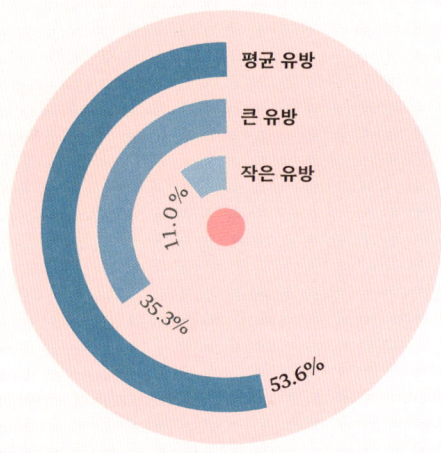

남성의 선호도

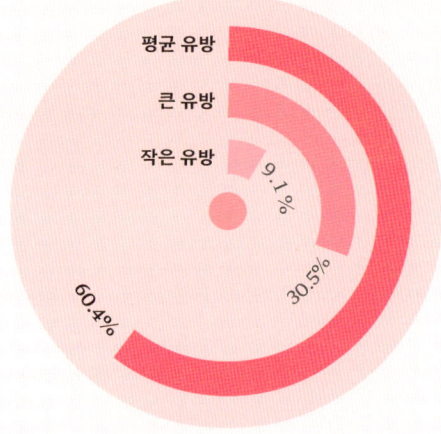

여성의 선호도

크기가 중요할까?

어떤 연구에서는 큰 유방과 잘록한 허리를 가진 여성이 에스트로겐과 프로게스테론 수치가 높다는 사실을 발견했고, 이들은 번식할 가능성이 더 높다는 결론을 내렸다. 하지만 그 이후로 관련 연구가 더 진행된 바는 없으며, 중요한 것은 임신 후 건강하게 아기를 출산하고 젖이 돌아 모유 수유를 하는 모든 과정은 유방의 크기와 관련이 없다는 사실이다.

유방의 크기가 '중요'한지 아닌지는 국가나 문화에 따라 달라진다. 실제로 최근 연구에서 성적 매력과 유방에 대한 선호도가 나라나 민족, 문화에 따라 매우 다양하게 나타났다. 예를 들어 브라질 남성은 체코 남성에 비해 큰 유방을 선호하는 것으로 나타났으며, 아프리카의 아잔데족 남성은 길고 늘어진 유방을 선호했다. 파푸아뉴기니 남성은 뉴질랜드 남성과 비교했을 때 더 큰 유방을 선호했다. 심지어 뉴질랜드 안에서도 미혼 남성은 기혼 남성에 비해 작은 유방을 더 선호한다는 차이를 보였다. 이 결과는 유방이 클수록 생식 능력이 높다는 이론을 뒷받침하는 것처럼 보이지만, 기간이 짧고 헌신적이지 않은 연인 관계를 즐기는 남성이 큰 유방을 선호한다는 연구 결과와는 대조되기도 한다.

현재까지의 연구는 주로 유방의 크기와 단단함에 관한 남성의 의견과 선호도에 집중되어 있으며, '시스젠더 이성애자가 아닌 남성'과 여성의 의견을 다룬 연구 결과는 부족한 실정이다. 연구에 따르면 전 세계적으로 이성애자 남성들은 중간 크기의 유방을 선호하는 경향이 있다. 성적 매력의 관점에서 평균 크기를 선호한다면 왜 유방의 크기는 이토록 다양한 것일까?

성적 쾌락

유방이 수유나 짝을 유혹하는 목적으로만 쓰이는 것은 아니다. 유방은 성적 쾌감을 주는 역할도 한다. 영장류 대부분은 짝짓기를 할 때 상대와 얼굴을 마주보지 않는다. 오로지 인간과 보노보 침팬지의 경우에만 해당하는데, 이로써 유방에 접근하거나 자극하기가 용이해진다. 포옹하거나 성관계를 할 때 유두를 자극하면 옥시토신이라는 호르몬이 분비되고, 이는 출산이나 모유 수유를 할 때도 마찬가지다. 옥시토신이 분비되면 기분이 좋아지고 유대감을 느끼기 때문에 '사랑의 호르몬'이라고도 불린다. 인간은 주로 일부일처제의 관계를 맺는 만큼 성관계 도중에 유두를 자극하는 행위는 배우자와의 유대감을 다지는 좋은 방법이 될 수 있다.

쾌락 이외의 문제

지금까지는 한 개인의 삶에 미치는 유방의 부정적인 영향에 대해서는 이야기하지 않았다. 실제로 많은 여성들이 유방 때문에 원치 않는 성적 관심을 받거나, 성장기나 월경 주기에 불편함을 느끼고, 유방이 큰 경우에는 등과 목의 통증과 같은 신체적 문제를 경험한다. 전 세계적으로 유방암이 가장 흔한 암이라는 사실을 고려하면, 유방 자체가 생명을 위협하는 존재가 될 수도 있다. 영국과 미국에서는 암으로 사망하는 여성 중에서 폐암 다음으로 가장 흔한 암이 유방암이며, 전 세계 통계로는 네 번째로 흔한 암이다. 만약 유방이 존재하는 목적이 있다면 그에 따른 대가도 분명히 존재한다.

전반적으로 유방의 크기가 커지는 추세인데, 단순히 유방 성형 수술이 증가하기 때문이라고만 할 수는 없다(9장 참조). 식생활 및 생활 방식이 달라지면서 이전 세대에 비해 평균 체중이 증가했기 때문에 유방 또한 점차 커지고 있다.

설령 성적 매력이나 번식, 또는 모유 수유의 목적 때문에 생물학적으로 큰 유방이 불가피하다고 할지라도 여전히 문화적·사회적 요인의 영향력을 무시할 수 없으며 이러한 영향력은 시대에 따라 변하기 마련이다. 어떤 유방을 가장 매력적으로 느끼는지 결정하는 것은 생물학적인 요인일까, 사회적으로 학습된 결과일까?

가장 흥미로운 것은 지금까지 언급한 모든 이론은 유방을 가진 사람이 아니라 다른 누군가를 위한 역할에만 초점이 맞춰져 있다는 사실이다. 모유 생산의 측면에서는 아기의 배를 불리기 위함이며, 성적 매력의 측면에서는 상대를 매혹하기 위함이다. 우리 사회가 여성의 유방을 온전히 여성의 것이라고 인정하지 않는데 여성이 그 틀에서 벗어나지 못하는 것도 어찌 보면 당연한 일 아닐까?

(.)(.)

역사 속의 유방

유방을 대하는 사람들의 태도를 통해 고대 그리스부터 오늘날에 이르기까지 사회의 인식이 얼마나 변화했는지 엿볼 수 있다.

유방을 바라보는 관점은 신화와 예술 작품, 미디어를 통해 추적할 수 있으며 이를 통해 여성의 역사와 여성을 대하는 태도의 변화도 함께 살펴볼 수 있다.

신화 속의 유방

고대 그리스 신화에 등장하는 아마존 부족은 활을 쏘기 쉽도록 유방 한쪽을 제거했다고 한다. 이들처럼 여전사로 구성된 유목 민족은 실제로 존재했을 수 있지만, 한쪽 유방을 제거했다는 이야기는 전설에 불과한 것으로 보인다(다른 쪽 유방은 오로지 여자 아기를 먹이기 위해 남기고 남자 아기는 버린다는 설도 있다). 실제로 활과 화살은 유방을 제거하지 않아도 사용할 수 있기 때문이다. 게다가 고대 그리스 예술 작품에서 한쪽 유방만 있는 여성의 모습은 찾아볼 수 없다. 남자 아기를 버린다는 폭력적인 여성 부족의 이야기가 전해 내려온 것은 어쩌면 여성을 전통적 역할에 묶어두기 위한 경고성 목적이 아니었을까?

예술 작품 속 유방

르네상스 시대에 성모 마리아가 아기 예수에게 젖을 먹이는 그림은 셀 수 없이 많이 만들어졌다. 이 이미지는 단순히 예수에게 젖을 먹이는 모습에 그치지 않고 기독교인의 영적 욕구를 상징하는 것으로 여겨진다. 이때까지만 해도 예술 작품 속에서 유방은 음란한 것으로 치부되지 않았다. 이탈리아 화가 보티첼리의 유명한 15세기 작품인 〈비너스의 탄생〉에는 한쪽 유방만 간신히 가린 채 나체로 서 있는 비너스의 모습이 등장한다. 그 당시에 나체는 성스러운 사랑과 결백, 순수함을 상징하곤 했다. 고대 그리스 조각상인 〈밀로의 비너스〉(오른쪽 참조)는 여성의 형상을 그린 유명한 작품 중 하나지만, 오늘날까지도 여성을 지나치게 이상화한 이미지로 남아 있다.

시간이 흐르면서 유방을 바라보는 사회의 시선은 바뀌었다. 15세기에는 잉글랜드 국왕 헨리 6세가 벌거벗은 유방을 불결하다고 보았으며, 단정한 드레스가 순수함과 순결함을 의미했다는 기록이 남아 있다. 훗날 엘리자베스 1세 여왕이 왕위를 물려받은 후 그녀의 외형은 납작한 가슴으로 묘사되었는데, 아마도 남성의 역할로 여겨졌을 자리에 오른 여성의 현실을 반영한 것으로 보인다.

감시의 대상이 된 여성

유명한 여성의 몸은 항상 철저한 감시를 받아 왔다. 한 예로, 17세기 잉글랜드 국왕 찰스 2세의 정부이자 배우였던 넬 그윈의 유방은 다양한 기록에서 꽤 자세하게 언급된다. 또한 샴페인 쿠페잔이 마리 앙

투아네트의 유방을 본떠 만들어졌다는 풍문도 있다 (쿠페잔이 훨씬 먼저 만들어졌기 때문에 근거 없는 낭설이다). 좀 더 가까운 시대로 오면, 브리지트 바르도나 패멀라 앤더슨 같은 배우들은 연기 경력보다 유방이 더 많은 주목을 받았다. 이유는 모르겠지만 오늘날 커다란 유방은 성적 취향이나 문란함, 심지어 부도덕함과 연관 지어진다.

모유 수유를 향한 사람들의 태도에도 사회·문화적인 변화가 반영된다. 빅토리아 시대에는 상류층 여성이 직접 모유 수유를 하는 일이 드물었다. '젖이 도는' 도우미가 그 자리를 대신했으며 하류층에 속하는 여성만이 자기 자식에게 직접 모유 수유를 했다. 19세기에 들어서는 모유와 분유를 두고 의견이 분분했는데, 당시 영국에는 젖병을 소독하는 위생 관념이 없던 시기였기에 신생아 사망률 감소에 도움이 되는 모유 수유를 권장하는 분위기였다. 모유 수유에 관한 논쟁은 18쪽과 5장에서 자세히 살펴본다.

여성이 유방을 드러내도 되는가에 대한 논의는 여전히 계속되고 있다. 1999년 MTV 비디오 뮤직 어워드에서 다이애나 로스가 니플 패치만 붙인 릴 킴의 유방을 잡고 흔든 후 언론의 뜨거운 반응을 기억하는가? 아니면 2004년 슈퍼볼 쇼에서 저스틴 팀버레이크가 자넷 잭슨의 상의를 찢어버렸을 때 그녀의 유방과 유두 장신구가 드러난 사건은 어떤가?

이중 잣대

오늘날까지도 남성과 여성의 유두는 동등한 대우를 받지 못한다. 소셜미디어 속 사진에서 여성의 유두가 드러나면 모자이크되거나 삭제되었고, 이 문제를 지적하며 '#가슴에자유를'이라는 캠페인이 생기기도 했다. 인스타그램 계정 @젠더리스-니플은 오로지 유두를 확대한 사진을 보여 주면서 그 사람의 성별을 구분할 수 없게 한다.

지금과 다르게 1930년대의 미국은 대부분의 주에서 남성이 해변에서조차도 상의를 벗을 수 없었다. 남성들은 이에 반발하기 시작했고 1937년에 금지법이 폐지되었다. 한편 여성의 유두 사진은 여전히 소셜미디어에서 '노골적인 콘텐츠'로 분류되고 있다. 2015년이 되어서야 영국의 타블로이드 신문 〈더 선〉은 1970년부터 상반신을 노출한 모델 사진을 싣던 '페이지 3'를 그만두었다. 현재는 유방만 겨우 가린 노출이 심한 모델 사진을 싣고 있다. 과연 발전이 있다고 할 수 있을까? 여성의 몸은 여전히 맥락과 무관하게 선정적으로 묘사되고, 어떤 의미에서는 모두의 소유물처럼 취급되기도 한다.

여성의 유방이 제거되었을 때는 더 큰 문제가 드러난다. 유방 절제술의 흉터가 있는 사람이 텔레비전이나 광고, 소셜미디어에 노출되는 경우는 좀처럼 찾아보기 어렵다. 마치 유방을 드러낼 수 없다면 유방이 없는 것 또한 드러내선 안 된다고 말하는 듯하다.

· 완벽한 몸매란? ·

사랑의 여신 아프로디테를 묘사한 〈밀로의 비너스〉는 여성의 유방을 적나라하게 묘사한다. 기원전 2세기에 제작된 이 조각상은 '이상적인' 여성의 몸매를 보여 준다고 여겨지며 향수병이나 무대 의상 등 다양한 곳에 영감을 주었다.

유방과 사회

유방과 유두의 역사는 정숙함, 도덕성, 선정성을 둘러싼
문화적이고 사회적인 신념과 긴밀하게 연관되어 있다.

유방은 항상 관심과 논쟁의 대상이었고, 유방의 두 가지 '주요' 역할인 모성애(수유)와 성적 매력(쾌락)은 흔히 대립하는 개념으로 받아들여졌다. 이러한 대립을 잘 드러내는 주제는 공공장소에서 모유 수유를 해도 되는가이다. 모유 수유는 자연스러운 과정이며 수유를 하는 동안에는 유두가 가려짐에도 불구하고 여성들은 유방과 아기를 보이지 않도록 가려야 했다. 2012년 〈타임스〉 표지에 세 살짜리 아기에게 수유하고 있는 여성의 모습이 실리자 대대적으로 화제가 되었고, 모유 수유와 애착 형성에 관한 것보다는 미디어에 수유하는 모습이 노출되었다는 그 자체를 두고 뜨거운 논쟁이 벌어졌다.

평가와 고정관념

우리 사회에는 유방의 모양과 크기를 둘러싼 무수한 평가와 추측, 고정관념이 존재한다. 커다란 유방은 '멍청하다' 또는 '백치미가 있다'라고 생각하거나 성적으로 문란하다는 도덕적 판단을 멋대로 내린다. 외모에 관한 고정관념은 여성에게도 지속적인 영향을 준다. 예를 들어 직장에서 불필요한 갈등이나 관심을 피하고자 일부러 외모를 꾸미지 않는 여성도 있다. 과연 우리 사회는 성적 매력과 지성을 모두 갖춘 여성을 온전히 받아들이고 있을까? 마릴린 먼로 돌리 파튼과 같은 유명인의 경우, 금발머리와 큰 유방을 가진 사람은 지적 가치나 기술, 재능을 가져선 안 되고 외모로만 칭송받아야 한다는 잘못된 편견 때문에 그들의 지적 매력은 크게 주목받지 못했다. 이러한 잣대는 모유 수유를 순수함과 모성애의 상징으로 보는 인식과는 대조된다.

유방을 선정적인 것으로 받아들이는지에 대한 기준은 지역에 따라서도 달라진다. 상의를 탈의하고 일광욕을 즐기는 것은 미국보다는 주로 유럽 대륙에서 더 허용되는 편이라서 상의 탈의가 가능한 일광욕을 두고 '유럽식 일광욕'이라고도 부르지만 스페인 일부 지역에서는 거리에서 비키니를 입고 돌아다니면 벌금을 물 수도 있다. 이처럼 유방을 둘러싼 상반된 메시지는 여전히 계속되고 있다. 여성의 상의 탈의에 대해 남성보다 여성이 더 반대한다는 결과는 이 문제가 얼마나 복잡한지를 여실히 보여 준다.

· 모유 수유는 금기일까? ·

스웨덴의 경우 공공장소에서의 모유 수유를 부적절하다고 생각하는 사람이 8%에 불과하지만, 이탈리아에서는 절반이 넘는 사람이 부적절하다고 응답했다. 여전히 많은 나라의 여성들은 자기 몸을 '숨겨야' 한다.

여학생들은 사춘기를 겪으며 일찍이 자신의 유방을 인식하게 되는데, 이는 단순히 본인이 느끼는 감정이나 유방의 통증 및 민감함 때문만이 아니라 유방이 발달하는 시기가 대체로 원하든 원치 않든 남성의 시선을 처음으로 의식하게 되는 시기이기 때문이다.

만약 유방이 인간의 당연한 특징이고 모유 수유가 부끄러운 일이 아니라면 왜 미디어에서는 유방, 특히 유두를 숨기려고 할까? 그리고 왜 우리는 피치 못할 사고로 유방이 노출되는 상황을 두려워하는 걸까? 우리 사회는 유방의 모든 측면을 성적인 시선으로 바라본다. 유방을 가진 사람이 실제로 어떻게 느끼는지에는 관심이 없다. 유방은 단순히 여성성의 궁극적인 상징일까, 아니면 타인의 시선 아래에 성적으로 대상화되는 존재에 불과한 걸까?

유방과 광고

성은 팔린다. 유방은 성적 매력을 부각하기에 자연히 광고도 유방을 이용한다. 적어도 유방을 보여 주는 광고는 대중의 이목을 끈다. 1994년에 유명한 원더브라 광고 사진 속 모델 에바 헤르지고바와 '헬로 보이즈' 문구를 기억하는가? 이 광고에 정신이 팔린 나머지 자동차 사고가 났다는 보도도 있었다(그리고 수백만 장의 브라가 팔려 나갔다).

유방은 식품부터 술, 오토바이와 자동차까지 온갖 제품을 판매하는 광고에 사용되었다. 톰 포드는 여성의 유방 사이로 향수병을 보여 주면서 남성 향수를 광고했고, 장 폴 고티에의 향수병은 속옷을 입은 여성의 몸매를 본뜬 모양이다. 유방을 활용한 광고는 정말 효과가 있는 것처럼 보인다. 적어도 그 광고와 업체에 대해 이야기를 꺼내게 만드는 것은 맞다.

그러나 2022년 아디다스가 다양한 크기와 모양, 피부색의 유방을 보여 주는 광고를 냈을 때 영국의 광고 심의위원회는 이 광고 사진이 "불쾌감을 일으킬 수 있다"라고 주장했다. 아디다스는 이 광고를 트위터에 올린 후 여러 항의를 받았음에도 사진을 내리지 않았다. 아디다스 측의 입장은 여성의 유방이 다양한 만큼 스포츠 브라도 다양하며, 누구나 자기 몸에 잘 맞는 브라를 입을 수 있어야 한다는 것이었다. 광고 심의위원회는 이 광고를 성적으로 노골적인 콘텐츠라고 판단하지는 않았지만, 나체를 그대로 보여 주기 때문에 어린이들도 무작위로 노출될 수 있는 소셜미디어에 게시하는 것은 부적절하다고 보았다. 그렇지만 다양한 모양과 크기의 진짜 유방을 보여 줌으로써 오히려 올바른 신체상과 유방 건강에 도움이 될 수 있다는 반대 주장도 있었다.

언제나 그랬듯 이 문제는 간단하지 않지만 수많은 광고에 유방을 활용하는 것은 대체로 용인되는 분위기다. 다만 현실 속의 다양한 유방이 아니라 성적인 측면을 부각한 유방만 허락된다.

> 1994년
> 에바 헤르지고바의
> '헬로 보이즈' 원더브라
> 광고에 시선을 뺏기는
> 바람에 자동차 사고가
> 난 적도 있다.

(.)(.)

브라의 역사

**전 세계적인 사건들이 브라의 역사를 바꿔 온 것처럼
브라도 전 세계를 바꿔 왔다.**

지금까지는 예술과 연예계, 미디어의 역사를 통해 유방을 바라보는 문화적이고 사회학적인 시선을 탐구했다면, 이번에는 브라의 역사가 여성과 우리 사회에 미친 영향력을 시간순으로 따라가 보자. 옷은 패션과 기능, 두 가지 역할을 아우른다. 코트는 몸을 따뜻하게 해주면서 맵시가 있고, 신발은 발을 보호하면서 동시에 패션 감각을 뽐낼 수 있다. 이와 같은 맥락에서 브라도 유방을 보호하는 기능적인 요소와 미적인 요소를 모두 지니고 있다. 세계적인 사건들이 브라의 역사를 바꿔 왔지만, 그만큼 브라도 전 세계에 영향을 주었다. 닐 암스트롱과 그의 동료를 위한 첫 우주복을 만들 때 사용된 기술은 브라 제조업체인 플레이 텍스의 것이었다.

초기 브라

브라에 대한 최초의 기록은 에게해에 위치한 청동기 시대 문명인 미노스 문명의 예술 작품에서 찾을 수 있다. 기원전 14세기 이후의 미노스 여성들은 '마스토이즈'라는 리넨이나 가죽 띠를 유방 아래쪽에 두르고 있다. 셸프 브라(유방 아랫부분만 받쳐 주는 보정 속옷-옮긴이)나 푸시업 브라와 유사하지만 유방은 그대로 드러나는 형태다.

기원전 4~5세기

기원전 4세기와 5세기의 고대 그리스 여성들은 띠 형태의 천을 두르거나 옷 위로 밴드를 감싼 모습으로 묘사되어 있다. 로마 시대에는 '마밀래어'나 '스트로피움'이라는 브라를 옷 안에 입었다. 기본적으로 유방 주위를 단단히 동여매는 천 조각의 형태였고, 몸을 압박해 유방을 지지했던 것으로 보인다.

15~18세기

15세기 이후로 코르셋이 유행하기 시작했다. 코르셋은 대개 브라보다 더 긴 형태로, 몸통까지 내려와 유방은 위로 모으고 허리는 잘록해 보이게 한다. 초기 코르셋은 나무나 고래수염을 이용해 만들었고, 이후에는 쇠줄이 사용되었다. 코르셋 유행의 확산은 프랑스 국왕 앙리 2세의 궁정과 관련이 깊다. 그의 아내인 카트린 드 메디시스가 궁에서 허리가 두꺼워 보이는 옷을 금지하면서 여성들 사이에서 몸매를 강조하기 위한 코르셋이 유행했다. 이후 코르셋과 거들의 구조는 변화를 거듭하며 시대별 패션 유행에 따라 조금씩 형태가 바뀌었다.

19세기

1869년 에르미니 카돌은 코르셋을 2개로 분리해 위쪽은 유방을 지지하고 아래쪽은 허리를 보정하는 형태로 변형했는데, 이를 브라의 시초로 볼 수 있다. 브라와 코르셋의 조합은 여전히 몸의 움직임을 제한했지만, 그녀의 획기적인 발명 덕분에 여성들은 조금이나마 편안한 착용감을 얻을 수 있었다.

19세기 말에 '합리적인 의복' 운동이 일어나면서 코르셋이 건강을 위협할 수 있다는 인식이 생겼다. 여성들은 꽉 조이는 코르셋 대신 헐렁한 옷과 브라를 입었다. 1893년 마리 투첵은 2개의 컵과 밑 밴드로 이루어진 '투첵의 유방 지지대'로 특허를 받았다.

(.) (.)

1900~1910년대

'브래지어'라는 용어는 1907년 패션 잡지 〈보그〉에서 처음 사용되었고, 1911년 『옥스퍼드 영어 사전』에 등재되었다.

제1차 세계대전이 발발하면서 코르셋의 사용이 급속도로 줄어들었다. 전쟁이 시작되자 여성이 적극적으로 노동을 하게 되면서 코르셋은 더 이상 실용적이지 않았고, 구할 수 있는 모든 금속은 전쟁 물자로 투입되었기 때문에 코르셋 같은 사치품에 쓸 철재도 없었다.

1910년에는 메리 펠프스 제이콥이 배클리스 브라(여밈 장치 없이 끈으로 연결된 브라-옮긴이)를 발명해 특허권을 등록했다. 이브닝드레스 안으로 코르셋이 비치는 게 싫어서 손수건 2개를 엮어 브라를 만들어 입던 것이 시초였다고 한다. 메리는 워너 브라더스 코르셋 회사에 1,500달러를 받고 이 특허권을 넘겼고, 이후 이 회사는 수백만 달러를 벌었다.

1920~1950년대

1920년대에는 작고 납작한 가슴이 인기를 끌면서 띠 형태의 브라가 탄생했다. 1930년대로 오면서 지금과 같은 브라가 만들어졌고, 컵 사이즈가 생기면서 (아래 참조) 와이어를 넣기도 했다. 이때부터 '브래지어'라는 단어는 지금 흔히 쓰는 '브라'라는 말로 줄여서 부르게 되었다. 패션이 변하면서 브라도 변했다. 1940년대에는 패드를 덧대 볼륨을 살리면서 양쪽 유방을 분리하는 형태가 유행했고, 1950년대에는 총알처럼 끝이 뾰족한 브라가 인기였다.

· 브라 사이즈의 역사 ·

브라의 컵 사이즈는 1930년대에 만들어졌다고 한다. 시초는 S. H. 캠프 앤 컴퍼니 속옷 업체가 A부터 D까지로 컵 사이즈를 구분한 것이었다. 각각의 크기에는 별칭을 붙여 달걀컵, 찻잔컵, 커피컵, 우승컵이라고 부르기도 했다. 하지만 이 사이즈 체계가 본격적으로 자리 잡기까지는 꽤 시간이 걸렸고 여전히 스몰, 미디엄, 라지로 구분하는 경우도 많았다. 가슴둘레별로 사이즈를 구분하기 시작한 것은 1940년대부터였다.

(.) (.)

1960~2000년대

가장 유명한 브랜드 중 하나인 원더브라가 1960년대에 설립되었다. 원더브라는 유방을 지지하면서도 볼륨을 강조하기 때문에 가슴골을 더 도드라지게 해주었지만, 1990년대까지만 해도 이런 스타일은 큰 인기를 누리지 못했다. 스포츠 브라는 1970년대에 등장했는데 초기 형태는 2개의 작스트랩을 연결해 만든 것이었다. 그 후 2000년대에 몰드 브라가 탄생하면서 큰 변화를 맞았다.

2020년대와 그 이후

유행하는 가슴 모양과 브라 스타일은 계속해서 변화하며 전 세계의 다양한 사건들로부터 꾸준히 영향을 받고 있다. 코로나19 팬데믹 봉쇄 기간에 이루어진 한 연구를 통해 여성들이 선호하는 브라 스타일이 바뀌었다는 사실을 알 수 있다. 과거에는 모양이 잘 잡히고 와이어와 패드가 있는 브라를 선호했다면, 팬데믹 이후에는 와이어가 없는 편안한 브라렛이나 크롭톱 형태의 스포츠 브라를 선호했다. 이는 아마도 외모보다는 편안함을 추구하기 때문으로 보인다. 그리고 현재, 팬데믹 이후의 트렌드는 반대로 역전하고 있다.

(.)(.)

Chapter 2

유방의 구조와 자가 검진

유방의 구조

유방의 기본적인 구조를 살펴본 후 정상적인 유방은 무엇인지,
또 스스로 유방을 점검하는 방법은 무엇인지 배워 보자.

유방 조직이 흉골(흉곽 중앙에 있는 가슴뼈)부터 겨드랑이 중심까지 이어진다는 사실을 알고 있는가? 보통 유방이라고 하면 가슴의 둥근 부분만을 떠올리기 쉽지만, 실제로는 젖샘가쪽돌기(일명 '유방꼬리')가 겨드랑이 안쪽까지 길게 뻗어 있다. 또한 유방 조직은 위쪽으로도 이어져 쇄골 바로 아래까지 이른다. 그렇기 때문에 유방을 점검할 때는(39~43쪽 참조) 이 모든 부위를 살펴봐야 한다.

유방에는 혈관과 림프관뿐만 아니라 감각 신경도 분포한다. 유방 자체에는 근육 조직이 없고, 흉벽(가슴 부분)의 근육 위에 놓여 있는 구조다. 유방 내부의 쿠퍼인대와 다른 결합 조직이 함께 유방을 지지하고 모양을 유지한다. 유방의 크기는 주로 유방 내 지방 조직의 양에 의해 결정된다.

남성의 유방도 매우 유사한 구조로 이루어져 있다. 남성에게도 일부 유방 조직이 있지만 일반적으로 여성보다 양이 적다.

유방을 구성하는 것은 무엇일까?

유방은 유선 조직과 지방 조직으로 이루어져 있다. 유선 조직에는 약 15~20개의 엽이 있고, 각 엽은 여러 개의 소엽으로 이루어져 있으며, 필요할 때 이 소엽에서 모유가 생성된다. 각 소엽은 유관과 연결되어 있고, 유관은 유두로 연결된다. 소엽은 유방 내에서 포도송이처럼 무리를 이루고 있으며, 그 사이에는 지방 조직과 결합 조직이 자리 잡고 있다.

(.)(.)

유방의 구조

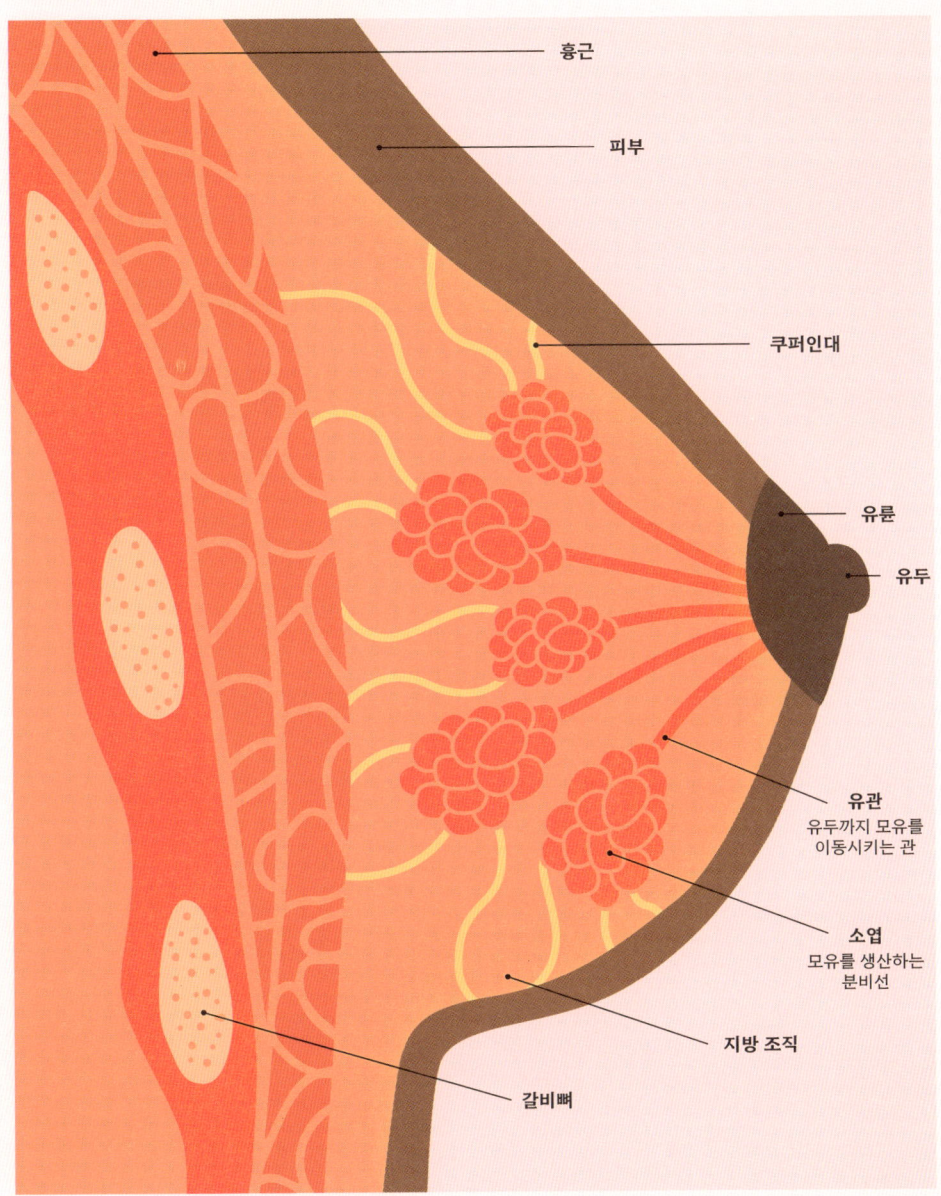

림프계

림프액은 림프관을 타고 몸 전체를 순환하다가 림프절로 흘러 들어간다. 겨드랑이에는 약 20~30개의 림프절이 있으며, 유방 림프액의 약 75~90%는 림프관을 타고 겨드랑이 림프절로 배출되고, 나머지 림프액은 주로 가슴뼈 주위의 림프절로 흘러 나간다. 림프계는 다음과 같이 다양한 역할을 맡는다.

- 신체 조직에서 과도하게 분비된 림프액을 제거하고 혈액으로 내보내는 **배출 시스템**의 역할을 한다.

- **감염과 싸움:** 림프절에는 림프구(백혈구)가 들어 있는데, 림프구는 바이러스와 박테리아, 손상된 세포를 처리한다.

- 세포에 의해 만들어진 **노폐물을 제거**한다(림프절과 유방암에 관한 자세한 내용은 8장 참조).

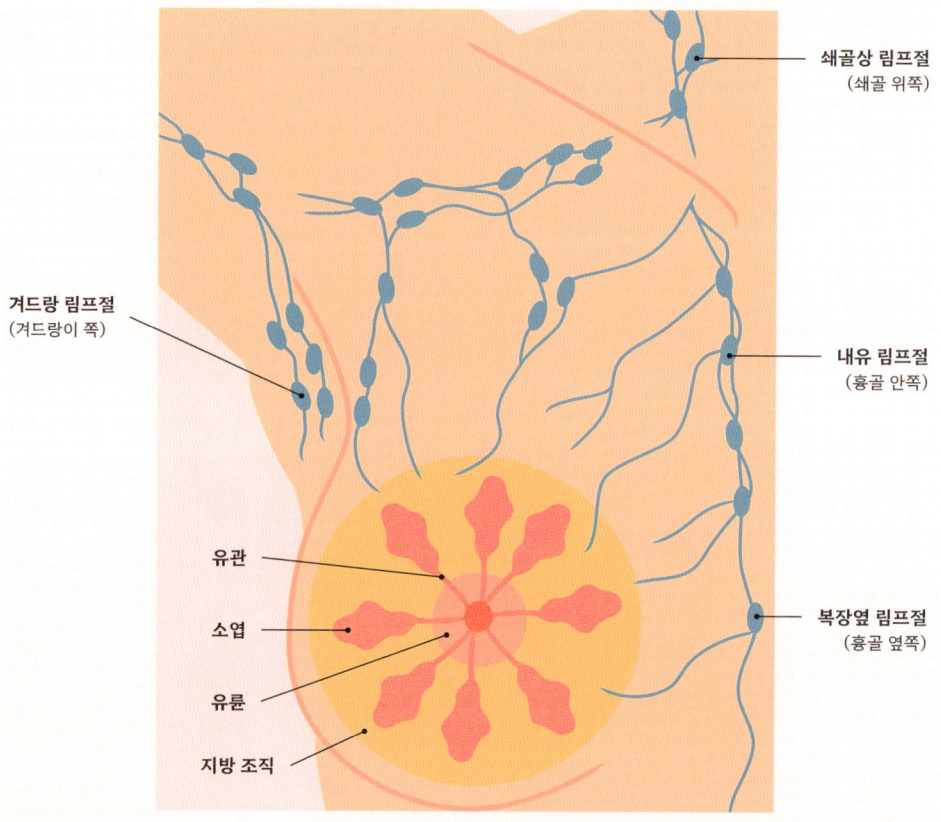

유방의 발달

유방은 태아 때부터 생기기 시작해
평생에 걸쳐 변화하고 발달한다.

유방이 형성되는 시기는 흔히 생각하는 것보다 훨씬 전으로, 자궁에서 배아가 자라는 동안 유선릉이라고 불리는 두꺼운 띠 모양의 조직이 형성되면서 발달이 시작된다. 유방과 유두는 배아 발달의 아주 초기 단계, 즉 수정이 된 후 대략 4~6주부터 형성된다. Y 염색체가 작동하는 시기, 고환이 만들어지는 시기(임신 약 7~9주 차)에는 이미 유두가 발달을 마친 후이기 때문에 성별에 상관없이 유방과 유두를 가지게 된다.

출산할 때가 되면 아기의 유관과 유두는 발달이 끝난다. 남성과 여성의 유방은 사춘기 전까지는 비교적 유사한 모습이다가 사춘기에 접어들면 여성의 유선이 더 발달한다. 남성의 유방은 여성유방증으로 발전하지 않는 이상(135쪽 참조) 더 발달하지 않은 채 그대로 유지된다.

유방의 조기 발달

신생아 중 약 65~90%는 임신 기간 동안 엄마로부터 에스트로겐과 프로게스테론을 받았기 때문에 약간의 유방 조직이 생길 수 있다. 신생아에게 흔하게 발생하는 가슴 멍울은 성별 상관없이 생길 수 있고, 출생 후 1주 내에 주로 양쪽 가슴에서 나타난다. 성인의 유방과 마찬가지로 비대칭인 경우도 많다. 가슴 멍울은 가슴 아래쪽에 작은 원반 모양의 혹처럼 자란다. 대부분의 멍울은 몇 주 안에 저절로 사라지므로 치료가 필요하지 않지만 모유를 먹는 아기의 경우에는 약 6개월까지 지속되기도 한다. 일부러 유방 조직을 자극하거나 유즙을 짜내면 안 되고, 부풀어 오른 멍울이 서서히 가라앉을 때까지 기다려야 한다. 조직을 함부로 자극하면 멍울이 더 커지거나 감염이 될 수 있다.

치료가 필요할 때

만약 유방의 조기 발달이 한쪽 가슴에만 나타났다면 유방 농양과 같은 다른 가능성도 고려해야 한다. 특히 유방 주위의 피부가 빨갛고 뜨겁거나 아기의 상태가 안 좋다면 더욱 주의를 기울여야 한다. 만약 6개월이 지나도 멍울이 그대로라면 의사의 진찰이 필요하다.

· 아기의 젖꼭지에서
유즙이 흘러나오는 증상 ·

호르몬 변화가 생기면 아기의 뇌에서 신호를 보내 프로락틴 호르몬이 생성될 수 있고, 그로 인해 아기의 젖꼭지에서 맑거나 우유 같은 액체가 흘러나오기도 한다. 대부분 이러한 증상은 저절로 사라진다.

(.)(.)

유아나 미취학 아동에게 유방이 생기는 이유

유방 발달은 보통 약 8세부터 시작되며, 그 전에 변화가 시작되면 조기 발달로 본다. 이를 '조기 유방 발육'이라고 하는데, 한쪽 가슴 혹은 양쪽 가슴에 모두 나타날 수 있다. 원인을 알 수 없이 발생하는 경우도 있고, 성조숙증과 연관이 있을 수도 있다.

성조숙증이 아닌 조기 유방 발육의 경우 유방 발달은 작은 편이다(일반적으로 태너 3단계를 넘지 않는다. 47쪽 참조). 이런 경우 추가 검사나 치료가 필요하지 않고, 대체로 자연스럽게 퇴행하거나 멈춘다. 또는 추적 관찰을 통해 아이에게서 사춘기의 또 다른 징조, 예를 들어 음모 발달이나 빠른 신체 성장 등의 증상이 나타나는지 확인하거나 엑스레이 촬영으로 뼈 나이를 진단하기도 한다. 성조숙증이 아닌 조기 유방 발육이라면 사춘기는 그 이후 대략 11세쯤 시작된다.

성조숙증

3세 이후에 나타나는 조기 유방 발육은 성조숙증(8세 이전에 시작되는 사춘기)과 관련 있는 경우가 많다. 만약 이른 사춘기일 가능성이 있다면 소아과나 소아 내분비 전문의가 근본적인 원인을 치료하기 위해 추가 검사를 권유할 수 있다. 아울러 사춘기를 늦추기 위한 약물 치료가 이루어질 수도 있다.

그 이후의 변화

여자아이가 사춘기에 들어서면 난소는 에스트로겐을 생산하기 시작하고, 에스트로겐이 생산되면 유방이 성장한다. 유방 조직이 작게 분화해 엽이 형성되면서 유선이 발달한다(유선은 15~24개의 엽으로 구성된다). 약 35세부터 유선과 유관이 서서히 퇴화하기 시작하는데, 이는 갱년기에 접어들거나 폐경 이후 에스트로겐 수치가 점차 떨어지기 때문이다. 호르몬의 변화는 유방의 크기와 모양에도 영향을 준다.

유방은 체중이 줄거나 늘 때도 모양과 크기가 변한다. 아마 월경 주기에 따라 유방의 크기가 눈에 띄게 커지거나 작아지는 것을 느껴 본 적이 있을 것이다. 어쩌면 시기에 따라 컵 사이즈가 달라질 정도로 큰 변화를 겪을 수도 있다. 수술이나 방사선 치료와 같은 외적 요인이 유방의 외형을 바꾸기도 한다.

> 조기 유방 발육은 유방이 예상보다 일찍 발달하는 것을 의미한다.

내 유방은 정상일까?

모든 사람이 똑같지 않듯이 유방도 사람마다 다르다. 다양한 크기와 모양, 유두,
유륜에 대해 살펴보고 내 몸의 어떤 상태가 '정상'인지 익혀 두자.

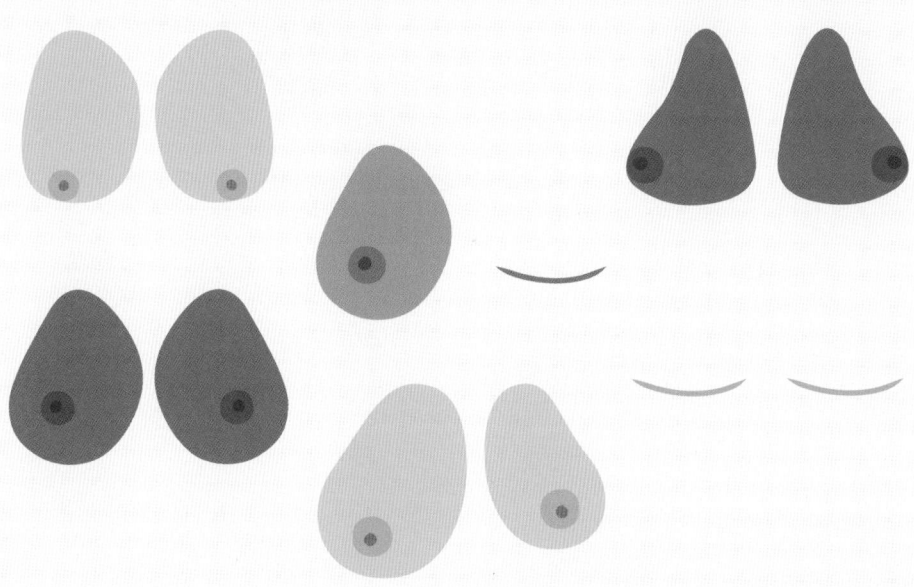

크기와 모양

유방의 크기와 모양은 사람마다 다르고, 양쪽 유방이 조금씩 다른 경우도 흔하다.

- **비대칭은 완전히 자연스럽고** 흔한 현상이다. 약간의 비대칭은 유방의 모양을 조절하거나 패드를 추가할 수 있는 다양한 스타일의 브라로 보완할 수 있다.

- 한쪽 유방이 다른 유방보다 크거나 작을 수 있고, 한쪽 유방이나 유두가 반대쪽보다 약간 높거나 낮을 수 있으며, 양쪽의 컵 사이즈도 다를 수 있다. 양쪽 유방의 형태가 서로 다른 경우도 있다.

- 유방은 임신이나 모유 수유와 같은 변화를 겪으며 **모양과 크기가 달라질 수 있다.**

(.)(.)

유두

- 유두는 색과 크기, 모양이 **다양하다.** 사람마다 위치나 높낮이, 방향이 다를 수 있고, 양쪽 유두가 다른 경우도 있다.

- **대부분의 유두는** 유륜보다 몇 밀리미터 정도 앞으로 **튀어나와 있다.** 어떤 사람들은 더 많이 튀어나왔을 수도 있고, 추위를 느끼거나 성적으로 흥분한 상태라면 더 튀어나오기도 한다. 하지만 유두가 편평한 사람도 있다.

- **안으로 함몰된 유두도 있다.** 전체의 약 10%는 적어도 한쪽 유두가 안으로 함몰되어 있다고 한다. 함몰된 정도에 따라 춥거나 흥분한 상태라면 튀어나올 수도 있다. 물론 함몰 유두인 사람도 모유 수유를 할 수 있다.

- 어떤 사람은 유륜부터 유두까지 하나로 이어진 듯한 **원뿔 형태**를 띠기도 한다. 정상적인 발달 과정에 속하지만 약 3명 중 1명은 사춘기 후에도 그대로 유지되며, 임신 후에는 형태가 바뀔 수도 있다.

- 만약 유두가 평소와 다르게 조금이라도 **변화가 생긴다면** 의사의 진찰을 받아 보는 것이 좋다(40~43쪽 참조).

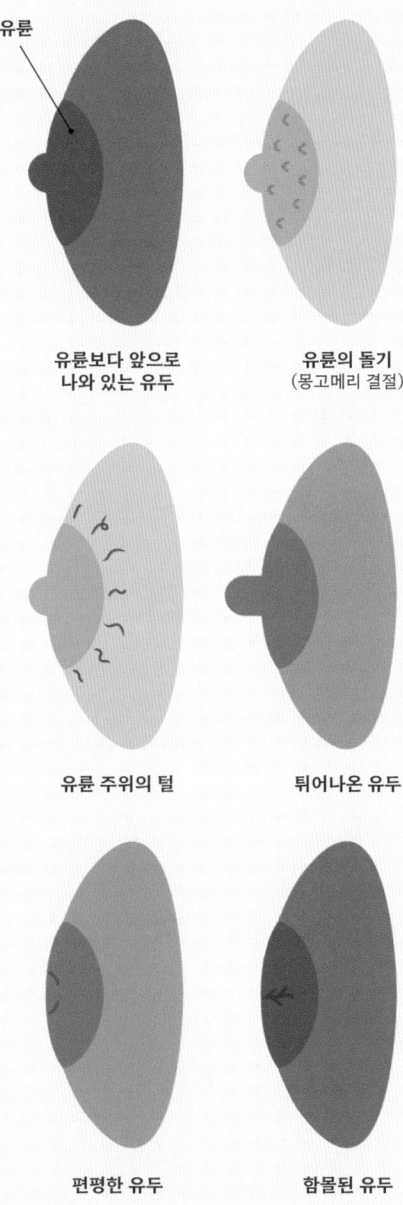

유륜

유륜보다 앞으로 나와 있는 유두

유륜의 돌기 (몽고메리 결절)

유륜 주위의 털

튀어나온 유두

편평한 유두

함몰된 유두

유륜

- **유륜**이란 유두 주위의 **짙은 색 피부**를 말한다. 유두와 유방이 그렇듯 유륜도 사람마다 색이나 모양, 크기가 다르다. 심지어 양쪽이 서로 다를 수도 있다.

- 피부에는 모낭이 있어서 유륜 주위에 **털이 나는 것은 자연스러운 현상**이다. 짧고 가느다란 옅은 색의 털 혹은 두껍고 진한 색의 털이 날 수 있다. 어느 쪽이든 정상이다.

- 유륜 주위의 **돌기도 정상**이다. 몽고메리 결절이라고도 부르는데, 한쪽 또는 양쪽 유륜에서 나타날 수 있다. 아주 작은 하얀 반점처럼 보이기도 한다. 이 결절에서 유분이 분비되어 피부가 건강하게 유지되며 모유 수유를 하는 동안에도 피부를 보호한다.

- 유륜에는 유두와 마찬가지로 감각을 받아들이는 **신경종말이 분포해 있다.** 따라서 자극하면 성적 흥분을 느낄 수 있다. 모유 수유 중에 유륜이 자극을 받으면 모유를 생산하고 배출하기 위해 프로락틴과 옥시토신 호르몬(95쪽 참조)이 분비된다.

튼살

- **튼살은 유방에도 나타날 수 있다.** 발달 시기에 유방이 빠르게 성장하면서 생기기도 하고, 임신이나 체중이 변할 때 나타날 수도 있다.

- **튼살은 피부가 급격하게 늘어나면서 생기는데,** 이때 피부를 지탱하는 단백질인 콜라겐과 엘라스틴이 찢어지기 때문이다. 튼살은 흉터의 일종이다.

- **모든 사람에게 튼살이 생기는 것은 아니다.** 다만 가족 중에 튼살이 있는 사람이 있다면 당신도 그럴 가능성이 크다. 사춘기 때 급격하게 오르내리는 호르몬이 요인일 수도 있다.

- **튼살은 좁은 선 형태로 나타나고,** 빨간색이나 보라색, 갈색, 붉은 갈색 등을 띠지만 시간이 흐르면서 옅어진다. 처음에는 살짝 피부 위로 올라오는 것 같다가 시간이 흐르면서 주변 피부에 비해 안으로 가라앉아 피부 표면이 살짝 파인 것처럼 보인다. 햇볕에 그을려도 튼살은 색이 변하지 않기 때문에 더욱 도드라질 수 있다.

- **아직 튼살에 뚜렷한 효과를 보이는 치료법은 없다.** 다만 히알루론산이 포함된 제품이 튼살을 치료하고 예방하는 데 도움이 될 수 있다는 연구 결과는 있다. 오래된 튼살보다는 초기 튼살에 히알루론산이 포함된 제품을 흡수시키면 훨씬 효과적이다.

혹과 돌기

- **유방은 울퉁불퉁하거나 매끄럽게 느껴질 수 있지만** 어느 쪽도 문제는 아니다. 월경 주기에 따라 유방의 감촉이 달라지는 것은 자연스러운 현상이며 생리가 시작되기 직전에 유방이 더 울퉁불퉁하게 느껴졌다가 끝나고 나면 원래대로 돌아온다.

- 유방을 만지면 마치 피부 아래에 냉동 완두콩이 들어 있는 것처럼 항상 **울퉁불퉁한 느낌이 들 수도 있다.** 이를 유방 '결절'이라고도 하는데 만약 양쪽에 모두 느껴지고 변화가 생기지 않는다면 큰 문제는 아닐 수 있다. 하지만 조금의 변화라도 느껴진다면 의사의 진찰이 필요하다.

다유두증

- **다유두증은 1~5%의 사람들에게 나타난다.** 과잉유두, 부유두, 이소성 유두, 흔적 유두 등으로 알려진 다유두증은 아주 작아서 있는지조차 모르는 경우도 있고, 점이나 수두 흉터로 착각하기도 한다.

- **다유두증은** 자궁 내 유방 조직이 형성되는 **유선을 따라** 겨드랑이에서 사타구니까지 나타날 수 있다.

- **한쪽이나 양쪽에 모두 생길 수 있고,** 유방 조직에 붙어 있거나 유륜이 함께 형성되기도 한다.

- 사춘기나 월경 주기, 임신, 모유 수유 등 호르몬 변화가 클 때 다유두증에 **변화가 생기는 것을 인지하는 사람도 있다.**

• 유선

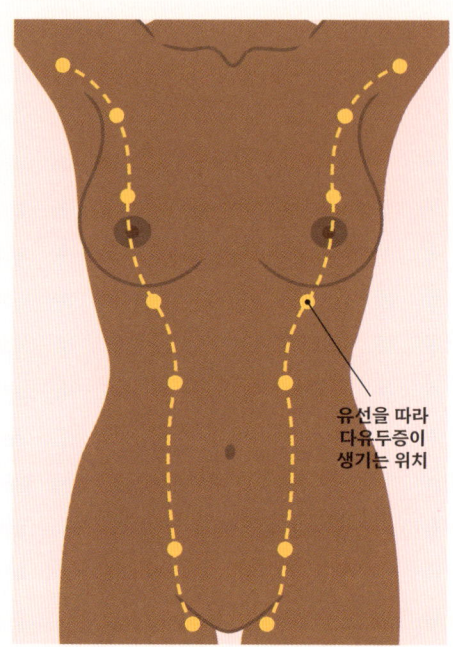

유선을 따라 다유두증이 생기는 위치

· 부유방 ·

다유두증이 생기는 것처럼 다유방증 또는 '부副'유방이 생길 수 있다. 태어날 때부터 가지고 있거나 사춘기 때 생기기도 한다. 주로 겨드랑이 아래쪽에 나타나는 편이며, 유두가 있거나 없을 수 있다. 다유두증이나 다유방증은 의학적으로 심각한 질병은 아니지만 자가 검진을 할 때 주의 깊게 살펴보는 것이 좋다.

유두

유두는 유륜의 중심에 있으며 유방의 높은 곳에 있을 수도 있고
낮은 곳에 있을 수도 있다. 유두에 대해 자세히 살펴보자.

- **유두의 구조**

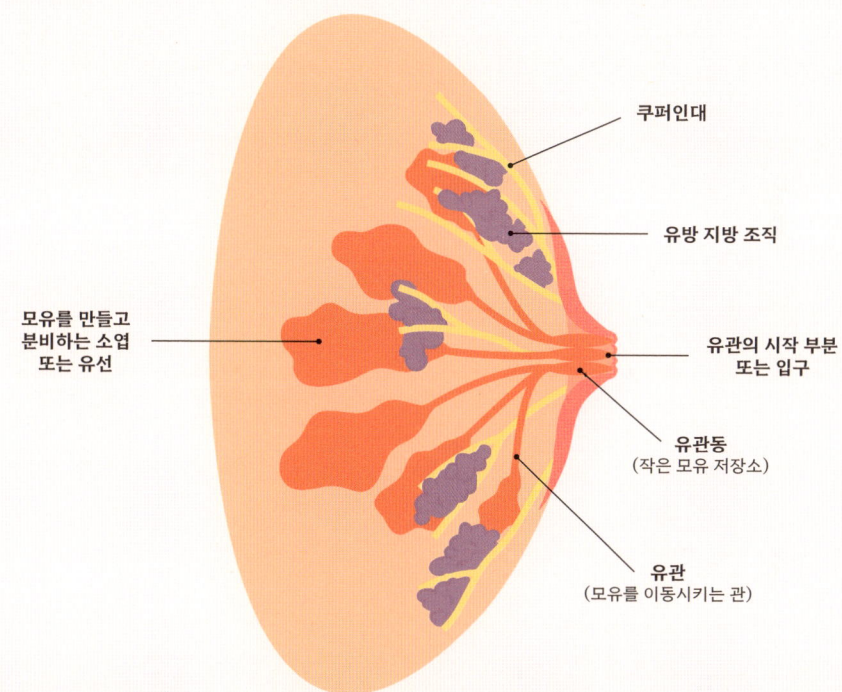

유두에는 유관 입구라고 부르는 5~20개의 작은 구멍이 분포해 있고, 이는 유관과 연결되어 있다. 모유 수유를 하면 모유가 여러 개의 작은 길을 따라 흘러 나오게 된다. 또한 유두에는 다수의 신경종말이 있어 살짝 건드리기만 해도 극도로 민감한 자극을 느낀다. 유두의 발달이나 다양한 형태, 다유두증에 관해서는 32~34쪽을 참조하라.

(.)(.)

우리는 왜 유두를 가지고 있을까?

유두는 단순히 모유를 전달할 뿐만 아니라 성적 쾌감과 만족을 위해 존재한다. 유두는 남녀 가리지 않고 성감대가 될 수 있으며, 유두를 자극하면 성적 만족감이 올라가고 옥시토신이 분비되어 오르가슴을 느끼기도 한다. 실제로 유두를 애무하면 '유두 오르가슴'으로 이어질 수 있는데, 오로지 유두와 유방만 자극해 오르가슴에 이르는 것을 말한다. 이런 일이 가능한 이유는 유두를 자극하면 생식기를 자극할 때와 같은 영역의 뇌가 활성화되기 때문이다.

유두는 왜 튀어나올까?

유두는 신경종말로 가득 차 있어 약한 자극에도 반응한다. 유두를 자극하는 물리적 원인으로는 온도 변화가 있고, 심리적 원인으로는 스트레스나 성적 흥분이 있다. 어떤 형태로든 접촉이 생길 때, 예를 들어 옷에 스치는 자극만으로도 유두가 단단해질 수 있다. 추위도 유두를 튀어나오게 한다. 신체는 추위를 느끼면 피부 아래 근육이 피부 주위의 따뜻한 공기를 가두기 위해 수축하는데, 이 과정에서 피부에 닭살이 돋는다. 이와 마찬가지로 유륜 아래의 매끄러운 근육이 수축해 피부를 잡아당기면 유두가 튀어나오게 된다. 이런 현상은 무의식중에 일어나며 스스로 조절할 수 없다.

성적 흥분을 느낄 때도 유두가 튀어나올 수 있다. 옥시토신이 분비되면 피부 아래의 매끄러운 근육이 수축하고 이에 따라 유두가 튀어나오게 된다. 월경 주기에 따른 호르몬의 변화에 유두가 반응하기도 한다. 배란기나 생리 중 또는 임신 중일 때 유두가 더 쉽게 튀어나오는 것을 경험한 사람도 있을 것이다.

유두 피어싱을 하면 더 예민해질 수도 있고, 반대로 더 둔감해질 수도 있어서 유두가 더 잘 튀어나오기도 하고 그렇지 않기도 한다.

> 유두는 성감대다.
> 유두를 자극하면
> 성적 흥분을 느끼고
> 옥시토신이 분비된다.

(.)(.)

함몰 유두

추정치는 다양하지만 약 10%의 사람들이 어느 정도 함몰된 유두를 가지고 있다고 한다. 함몰 유두는 여성과 남성 모두에게 나타날 수 있고 정상 범주에 드는 변이에 해당된다.

함몰 유두의 원인

함몰 유두는 태어날 때부터 타고나는 경우가 흔하다. 함몰 유두가 생기는 이유는 자궁에서 유방이 발달하는 시기에 유두의 기본 구조가 충분히 발달하지 못해 작은 상태로 남았거나 유관이 형성될 때 변형되면서 유두가 안쪽으로 당겨졌기 때문이다. 그 밖의 후천적인 원인은 다음과 같다.

- **폐경:** 폐경기에 접어들어 호르몬 변화를 겪으면 유방 내의 유관이 줄어들고 짧아지면서 유두가 안으로 말려 들어갈 수 있다.

- **유관의 확장:** 유관이 넓어지면 함몰 유두로 이어질 수 있다.

- 모유 수유를 하는 동안 자주 발생하는 유관의 **외상과 상처** 또는 유방 수술이 함몰 유두를 유발할 수 있다.

- **유방염,** 즉 유방 감염과 같은 모유 수유 중 흔히 일어날 수 있는 질환 역시 함몰 유두를 유발할 수 있고, 이런 경우 대개 항생제가 처방된다(110쪽 참조).

- **함몰 유두의 단계**

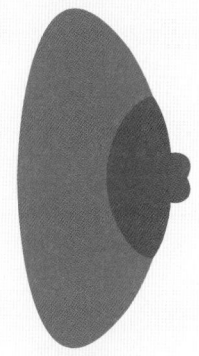

1단계

유두가 함몰되어 있지만 자극이나 추위로 인해 돌출되기도 한다.

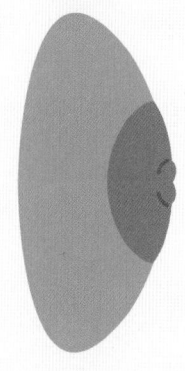

2단계

유두가 함몰되어 있고 손으로 잡아당기면 밖으로 나오지만 즉시 안으로 들어간다.

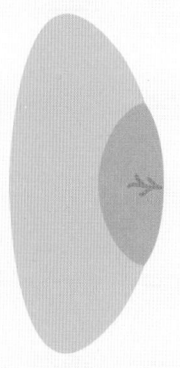

3단계

유두를 잡아당겨도 밖으로 꺼낼 수 없다.

- 유륜 내에 고름 주머니인 **종기**가 생기면 이로 인해 유두가 함몰될 수 있다. 종기가 생기는 원인으로는 유방염이나 유두 피어싱, 당뇨병이 있다. 일반적으로 종기는 짜내거나 항생제를 써서 치료한다.

- **유방암** 때문에 유두가 함몰되거나 편평해질 수 있다(160쪽 참조).

치료법

편평하거나 함몰된 유두가 의학적으로 문제가 되는 질병은 아니지만 자존감이 떨어지거나 심리적으로 영향을 받을 수 있다. 치료는 의학적으로 반드시 필요한 것은 아니며, 정도에 따라 결정된다. 유두가 항상 편평하거나 함몰된 상태라면 문제가 되지 않지만, 한쪽이나 양쪽 유두에 변화가 생겼다면(40쪽 참조) 자세한 진단을 위해 병원을 방문하는 것이 좋다.

유두를 튀어나오게 할 수 있는 확실한 방법이 있다. 모유 수유 전 준비 단계에서 종종 사용된다.

1. 양손 엄지로 양쪽 유두를 깊게 눌렀다가 부드럽지만 힘 있게 쓸어 올린다.

2. 유두 주변을 돌아가며 반복하면 유두가 서서히 돌출될 것이다.

빨판이나 흡입기, 가슴 덮개 형태의 함몰 유두 교정기도 있다. 이러한 교정기는 유두 주위에 압력을 가해 유두가 튀어나올 수 있도록 돕는다. 수술도 하나의 방법이 될 수 있지만 항상 성공적인 결과를 내는 것은 아니고, 수술 후에 다시 함몰되는 경우도 있다. 또한 수술이 유관을 손상시켜 훗날 모유 수유에 영향을 줄 수 있으므로 의사와 충분히 상의한다(102쪽 참조). 유두 피어싱으로 교정 효과를 볼 수도 있다(84쪽 참조).

· 유방 검진 ·

유방 검진은 유방 관리와 유지에 있어 매우 중요한 부분이다. 여성 8명 중 1명은 유방암에 걸릴 가능성이 있으며 검진의 목적은 증상이 발현되기 전, 예를 들어 유방에 혹이 만져지기도 전인 조기 단계에 암을 발견하는 것이다. 암은 시간과의 싸움이며, 조기에 발견할수록 치료 성공률이 높고 회복할 가능성이 커진다. 자세한 내용을 알고 싶다면 119쪽을 참조하라.

(.)(.)

유방에 관심 갖기

주기적으로 유방을 자가 검진하면 어떤 상태가 정상인지 알 수 있고
또 문제가 생겼을 때 조기에 발견할 수 있다.

어떤 상태가 정상인지 아는 것은 매우 중요하다. 평소에 자기 유방이 어떤 모양과 느낌인지를 잘 알고 있다면 변화가 생겼을 때 빠르게 알아채고 병원을 찾아 진찰을 받을 수 있다. 만약 유방의 변화를 감지해 병원을 찾았고 검사 결과 유방암으로 진단받았다면, 조기에 발견했을수록 치료가 수월해지고 완전한 회복도 기대할 수 있다.

생물학적 성별이나 성 정체성과 관계없이 누구나 한 달에 한 번은 스스로 유방과 그 주변을 점검해야 한다. 월경 주기에 따라 유방도 변하기 때문에 생리를 하는 사람이라면 시기별로 유방의 변화를 미리 확인해 두면 어떤 상태가 정상인지 알 수 있어 유용하다.

생리가 끝난 직후에는 유방이 덜 민감하고 울퉁불퉁한 느낌도 줄어들기 때문에 이 시기에 점검하는 것이 좋다. 남성이거나 폐경이 지난 여성이라서 생리를 하지 않는다면 쉽게 기억하기 위해 매달 1일에 점검하는 것도 좋은 방법이다.

영국 여성 10명 중 대략 8명은 매달 유방을 점검하지 않는다고 답했으며, 약 3분의 1은 자가 검진을 한 번도 해본 적이 없다고 답했다. 그 이유는 다음과 같았다. 잊어버렸거나(35%) 시간이 없거나(22%) 자가 검진할 자신이 없거나(17%) 자가 검진에서 무언가를 발견할지도 모른다는 두려움(13%) 때문이었다.

나이대와 유방 크기도 자가 검진 비율에 영향을 주었다. 40세 이하의 여성 중 절반은 유방암이 50대 이상에게만 발병한다고 믿고 있었다. 그리고 작은 유방을 가진 사람도 유방암에 걸릴 수 있다는 사실을 알고 있는 비율은 전체 여성 중 절반이 채 안 되었다.

인종에 따라 점검하는 비율에도 차이가 있었다. 남아시아 여성과 흑인 여성에게서 가장 낮은 결과가 나왔다. 이 응답자들이 이유로 꼽은 것 중에는 유방 관리를 공개적으로 이야기하는 것에 대한 불편함(12%)과 자가 검진 자체에 대한 쑥스러움(10%)이 있었다. 가정 내 교육도 중요한 요소인데, 흑인 여성의 경우 4명 중 1명은 가정에서 유방 자가 검진에 대해 배운 적이 없다고 말했고, 6명 중 1명은 자가 검진이 불편하다고 답했다. 대표성도 중요하다. 흑인 여성과 남아시아계 여성 중 25%가 넘는 사람들은 유방 자가 검진을 홍보하는 캠페인이 자신과 같은 인종을 제대로 반영하지 못한다고 느꼈다.

• 주의해야 할 변화

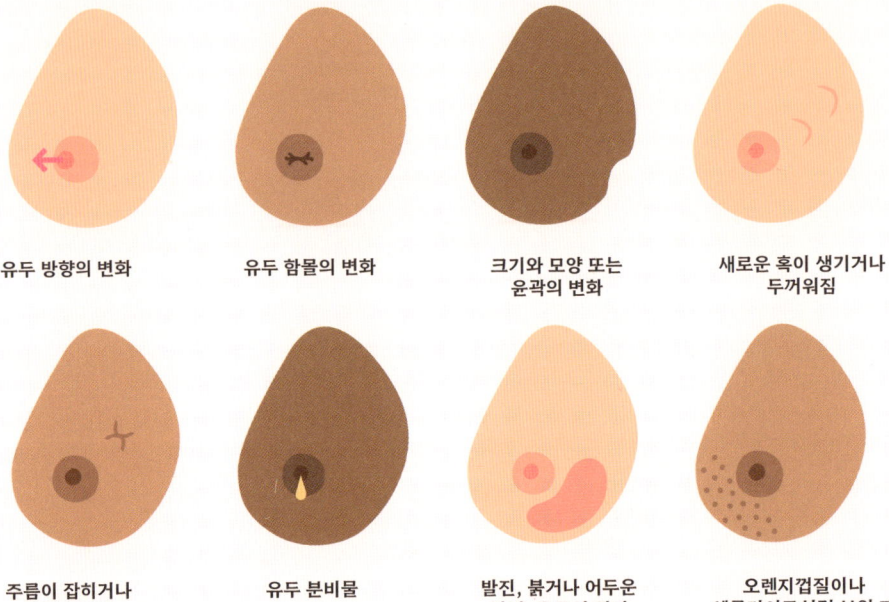

유방 자가 검진법 : 관찰

1. 거울 앞에 서서 양팔을 옆에 편안하게 내려놓고 유방을 찬찬히 살펴본다. 오른쪽으로 몸을 돌렸다가 왼쪽으로도 돌려본다. 만약 유방이 큰 사람이라면 위로 들어 올려 아래쪽도 살펴본다.

2. 유방의 크기나 모양에 변화가 생겼거나 새로운 비대칭이 관찰되는지 확인한다. 혹이 생겼거나 가슴 윤곽에 변화가 있지 않은지 살펴본다.

3. 유두의 변화를 확인한다. 양쪽 유두가 평상시와 다른 방향을 향하거나 함몰되지는 않았는가?(원래 함몰 유두가 아니라 새롭게 생긴 경우만 해당)

4. 피부에 변화가 생겼는지 확인한다. 발진, 붉거나 분홍빛의 반점, 번들거리는 반점, 딱지, 비늘처럼 건조하게 일어난 부분이 있는가? 유방이나 유륜, 유두가 가렵지는 않은가? 오렌지 표면처럼 옴폭 파인 부분(일명 '오렌지껍질 피부')은 없는가?

유방에 관심 갖기

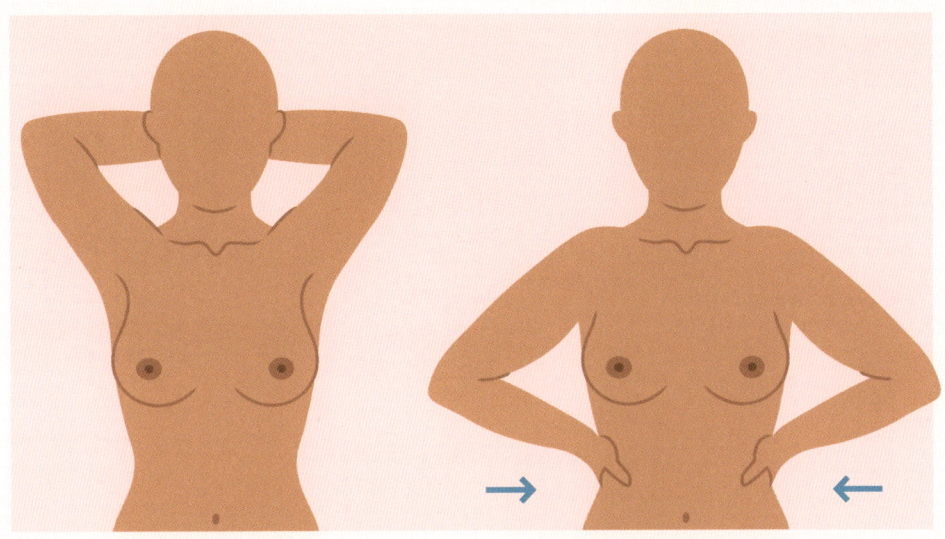

팔을 위로 들어 올린 상태에서
유방을 찬찬히 살펴본다.

손을 허리에 올리고 유방이
팽팽해지도록 안쪽으로 힘을 준 다음,
전체적으로 다시 한 번 살펴본다.

5. 수유 중이 아닌데도 유두에서 분비물이 나오는가? 맑은 우유색 분비물이나 피가 섞여 나올 수도 있다.

6. 유방에 일그러지거나 옴폭 들어간 부분이 있는지 살펴본다. 이런 증상이 생기면 마치 피부 안쪽에서 잡아당기는 것처럼 보이며, 이로 인해 유방 피부에 주름이 생기고 함몰되거나 일그러지게 된다.

7. 이제 손을 위로 올리거나 선베드에 눕듯이 머리 뒤에 손을 받친 자세에서 한 번 더 관찰한다. 이번에는 허리에 손을 얹고 유방 안쪽으로 힘을 준 상태에서 살펴본다. 이렇게 하면 가슴 근육이 팽팽해져 근육 뭉침이나 주름이 더 도드라진다.

- **유방을 점검하는 방법**

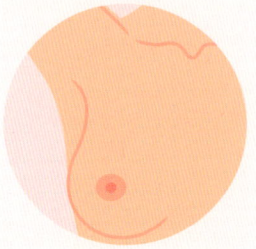

쇄골뼈부터 겨드랑이 안쪽까지
전체적인 유방을 살펴본다.

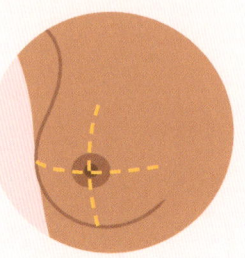

유방을 사분면으로 나눈 후
순서대로 살펴본다.

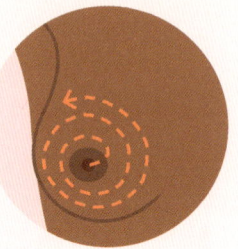

유두부터 시작해 바깥쪽으로
원을 굴리며 손의 감각을 느껴 본다
(또는 반대 방향으로).

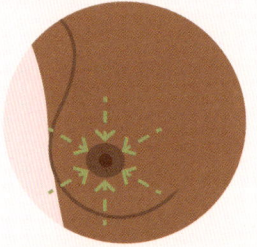

유방을 부채꼴 형태로 나누어
각각 살펴본다.

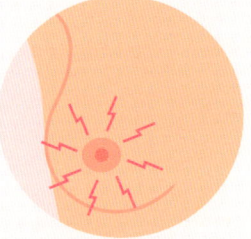

통증이나 불편한 증상이 없는지
확인한다.

유방 자가 검진법 : **촉감**

1. 한 손을 머리 위로 올린 다음 반대쪽 손을 이용해 유방을 점검한다. 유방 조직은 쇄골뼈부터 겨드랑이까지 길게 이어지기 때문에 전체적으로 빠짐없이 점검하는 것이 중요하다.

2. 좀 더 확실하게 유방 전체를 점검할 수 있도록 유방을 4등분한다고 상상한 다음, 하나씩 순서대로 꼼꼼히 확인한다. 아니면 유방을 하나의 시계라고 생각하고 숫자 사이를 부채꼴로 나눈 다음, 한 구역씩 바깥쪽에서 유두 방향으로 만져 보면서 점검하는 것도 좋다. 또는 손으로 나선형을 따라가듯 점점 더 작은 원을 그리면서 유방 전체와 유두를 점검한다. 중심부터 시작해 바깥쪽으로 원을 그리면서 확인해도 된다. 중요한 것은 어떤 방식으로 하느냐가 아니라 유방을 점검하는 것 그 자체다! 유방 조직은 길게 연결되어 있기 때문에 유두는 물론이고 쇄골뼈까지 꼼꼼히 확인해야 한다. 게다가 림프절이 있는 겨드랑이까지 유방 조직이 길게

뻗어 있으므로 겨드랑이 주변과 안쪽까지 모두 점검하는 것도 잊지 말자.

3. 손가락의 평평한 부분으로 유방을 만지면서 변화가 생겼는지 찾아보자. 손으로 유방을 깊게 누르면 안쪽에 흉벽이 받치고 있기 때문에 피부 아래에 생긴 변화를 쉽게 관찰할 수 있다. 자신의 유방에 대해 제대로 파악하기까지는 시간이 좀 걸린다. 어떤 사람은 푸딩이나 젤리 같은 느낌이라고 표현한다. 특히 생리 전후에는 냉동 완두콩이 모여 있는 것처럼 조그맣게 울퉁불퉁한 부분이 느껴질 수도 있다.

4. 혹이 생기거나 유방이 두꺼워지고 울퉁불퉁해지는 경우도 있다. 유방의 위쪽 바깥 부분은 작은 혹이나 '소결절 형성'이 가장 잘 발견되는 부위다. 크게 문제가 되는 상태가 아니라면 대체로 이런 증상은 양쪽 유방에서 동시에 느껴질 것이다. 하지만 한쪽 유방에만 생기거나 평소와 다른 변화가 있다면 의사의 진찰을 받아 보는 것이 좋다.

5. 유방에서 불편하거나 예민한 느낌이 든다면 검사가 필요하다. 특히 새롭게 생겼거나 한쪽 유방에만 발생한다면 더욱 유의해야 한다(유방암에서 통증 증상이 나타나는 경우는 비교적 드물다).

유방암 수술 후 유방을 점검하는 방법

종괴 절제술이나 유방 절제술과 같은 수술을 받은 후에는 어떤 상태가 정상적인 것인지 알고 있는 것이 매우 중요하다. 어떤 유방암이었는지에 따라서 국소 재발이 발생할 수 있기 때문이다. 국소 재발의 발생률은 전체 유방암 환자의 2~12%다.

앞서 설명한 자가 검진법에 따라 주기적으로 점검하는 습관을 들이는 것이 좋다. 먼저 거울을 통해 눈으로 보고 손으로 만져 본다. 특히 흉터 가까이에 혹이 보이거나 만져지는지 살펴본다. 작은 궤양이나 발진 같은 피부 변화가 보이지는 않는가? 수술 흉터가 옆구리까지 길게 이어질 수 있으므로 유방 전체를 빠짐없이 점검하는 것이 중요하다.

· **TLC 유방 점검** ·

만지고(Touch)
보고(Look)
의사와 함께 변화를 점검한다(Check).

만약 유방에서 사소한 변화라도 발견했다면
의사의 진찰을 받아 보자. 유방암일
가능성이 있어서라기보다는 단순히
그 변화를 점검할 필요가 있기 때문이다.

Chapter 3

사춘기

사춘기 시기의 유방 변화

**사춘기는 몸과 마음이 모두 큰 변화를 겪는 시기다.
사춘기 시기의 유방 발달에 대해 살펴보고, 자기 몸에 잘 맞는 브라를 찾아보자.**

이 글을 읽고 있는 당신은 어쩌면 사춘기를 겪고 있거나 어린아이를 돌보는 부모 또는 보호자일 수 있다. 사람은 저마다 독특한 특성이 있으며 성장하는 시기가 모두 다르다. 누군가는 이 시기가 어색하고 불편할 수 있지만 신체에서 어떤 일이 일어나는지 알아두면 사춘기를 조금은 편하게 지나갈 수 있다. 편안한 옷을 입는 것, 원한다면 브라를 착용하는 것도 이러한 자기 관리에 포함된다.

사춘기는 보통 8세쯤 시작하지만(30쪽 참조), 유전자나 체중과 같은 여러 요인 때문에 시작 시기는 사람마다 다르다. 사춘기를 지나는 동안 뇌의 시상하부는 생식샘자극호르몬방출 호르몬(GnRH)을 분비하기 시작한다. 이 호르몬이 뇌하수체를 자극하면 난포자극 호르몬(FSH)과 황체형성 호르몬(LH)이 생성된다. 이 호르몬들이 상호작용하면서 난소가 에스트로겐과 프로게스테론을 생성하기 시작하고, 이는 몸 전체에 다양한 영향을 끼친다. 청소년기를 지나 온 사람이나 청소년과 함께 살아 본 사람이라면 누구나 공감할 것이다. 또한 이 시기에는 유방이 커지기 시작하고 유방 안의 유관이 형성된다. 생리가 시작되면 유방은 더욱 성장해 유관 끝에 샘이 생기고 소엽도 함께 발달한다.

이렇게 온갖 변화가 생기는 동안 유방에서 민감함, 통증, 가려움, 얼얼함이 느껴질 수 있다. 또는 유두가 부풀어 오르거나 예민한 감각을 느끼기도 한다. 유방의 발달 속도는 양쪽이 서로 다를 수 있기 때문에 한쪽 유방이 다른 쪽 유방에 비해 통증이 더 크게 느껴지거나 크기가 다른 경우도 있다. 이는 매우 흔하고 정상적인 과정이다.

생리가 시작되면 월경 주기에 따라 유방이 변하거나 시기별로 느낌이 크게 달라질 수 있다. 휴대폰 앱을 이용해 주기에 따라 어떻게 변하는지 기록하는 것도 좋다.

· 늦은 발달 ·

만약 유방 발달이 13세까지(1~2단계, 47쪽 참조) 시작되지 않거나 유방은 발달했지만 15세까지 생리를 시작하지 않았다면 의사의 진찰이 필요하다. 질병, 호르몬, 유전자 문제, 영양실조 등 '사춘기 지연'의 근본적인 원인이 있을 수도 있다. 만약 의사가 사춘기 지연이라고 판단했다면 추가 검사나 치료를 위해 전문의의 상담을 권할 것이다.

사춘기 시기의 유방 변화

유방의 발달 단계

일반적으로 유방의 발달은 태너의 척도를 이용해 다섯 단계로 분류한다. 대체로 1단계는 8세에서 11세 사이에 시작된다.

청소년기 이후에는 임신에 대비해 모유 생성 체계가 발달하기 때문에 유방 조직의 밀도가 높아진다. 하지만 갱년기를 지나 폐경이 되면 호르몬 수치가 낮아지면서 유선 조직이 줄어들고 지방 조직이 대부분을 차지하므로 유방은 더 부드러워진다.

유방의 크기는 유전자 및 환경적 요인에 의해 결정되고, 대체로 유방 내 지방 조직의 양과 관련이 있다.

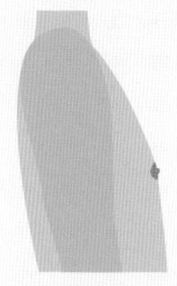

1단계

사춘기 전, 유두만 발달한다.

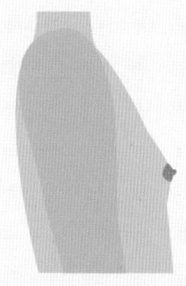

2단계

유방 몽우리(유두 부근의 단단한 원반 모양의 혹)가 생긴다. 유방과 유두가 성장하기 시작하는 단계. 유륜의 크기가 커진다.

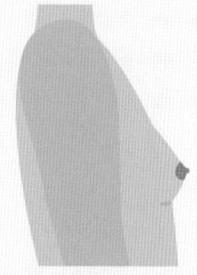

3단계

유방이 커지기 시작하고 유선 조직도 함께 발달한다.

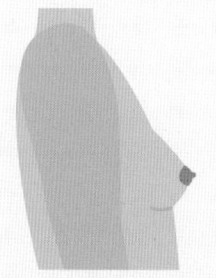

4단계

유륜과 유두가 커지기 시작하면서 유방에 비해 약간 솟아오르거나 분리되어 보인다.

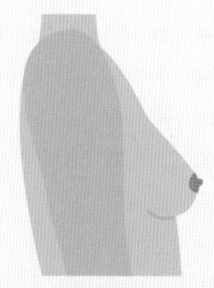

5단계

발달을 마친 청소년 또는 성인의 유방

내 유방이 남들과 다르다면?

사람마다 유방의 모양이 다른 것은 자연스러운 일이다.
그렇다면 어떤 경우에 의사와 상담하는 것이 좋은지 알아보자.

유방은 평생에 걸쳐 변화한다. 하지만 모양이나 크기, 비대칭에 관해 걱정이 있거나 문제가 심각해 보인다면 의사의 진찰을 받아 보자.

아마스티아, 아마지아, 아델리아

만약 유방 조직, 유두, 유륜이 전혀 발달하지 않았다면 아마스티아라는 희귀한 질환일 수 있다. 반면 유두와 유륜은 있지만 유방이 발달하지 않은 경우, 이를 아마지아라고 부른다. 아델리아는 유방은 있지만 유두나 유륜이 발달하지 않은 것을 말한다.

유방 발육 부전

유방 조직과 유두, 유륜이 있지만 사춘기 시기에 제대로 발달하지 않거나 조금만 발달한 경우를 말한다.

폴란드 증후군

희귀한 질환으로, 폴란드 합지증이라고도 불린다. 이 질환은 가슴 근육과 함께 유방 조직, 유두가 발달하지 않는다. 그 아래에 있는 갈비뼈와 흉골도 영향을 받을 수 있다.

관형 유방

유방 조직이 제대로 발달하지 않아서 한쪽 또는 양쪽 유방이 기다란 원통 형태를 띤 상태를 말한다. 보통 양쪽 유방 사이의 간격이 넓고, 유륜과 유두가 비정상적으로 크거나 돌출되는 경우도 있다.

치료법

유방 발달의 문제로 인해 심각한 비대칭이 생긴 경우 수술로 치료할 수 있다. 주로 조직 확장기를 이식한 다음, 원하는 모양과 크기로 발달했을 때 보형물을 삽입하는 방식으로 진행된다. 유두는 수술을 통해 재건하거나 문신으로 유륜과 유두를 그리기도 한다.

(.)(.)

큰 유방

유방 비대증은 신체에 불균형할 정도로 유방이 크게 성장한 것을 일컫는 의학적 용어다. 사춘기부터 발생하거나 그 이후 임신이나 체중 증가로 인해 나타나기도 한다. 특정 약물 때문에 유방 비대증이 생길 수도 있다. 만약 임신이 원인이었다면 출산 후나 모유 수유가 끝난 후 원래 크기로 돌아오는 경우도 있다.

유방 비대증은 유방 크기에 따라 '매크로마스티아'나 '기가톤마스티아'라는 용어를 사용하기도 한다. 유방 비대증의 진단과 관리는 증상의 정도와 개인의 삶에 미치는 영향을 우선적으로 고려한다.

큰 유방은 무겁다. 이 말은 양쪽 가슴에 남들보다 훨씬 무거운 무게를 달고 다닌다는 의미다. 유방이 무거우면 자세가 안 좋아지거나 몸과 어깨, 등 위쪽에 통증이 생기기 쉽고, 두통을 느끼거나 팔이 찌릿찌릿 저리기도 한다. 또 유방의 무게 때문에 아래로 처지게 되면 유방 아래 피부가 접히는 부분에 발진이나 진균 감염, 궤양이 생길 수도 있다(133쪽 참조). 유방 자체에 통증이 생기거나 유두에 저릿한 느낌이 들기도 한다. 브라 끈이 어깨를 파고들어 어깨가 아프고 불편할 수도 있다. 게다가 유방이 크면 운동을 할 때도 제약이 따른다.

이처럼 유방 비대증은 다양한 신체적 문제를 유발할 뿐만 아니라 심리적으로도 영향을 줄 수 있다. 몸에 맞는 속옷이나 옷을 찾기 어렵고, 이로 인해 자기 몸을 부정적으로 생각하거나 자존감이 떨어지기도 한다. 게다가 유방을 제대로 받쳐 주는 브라와 꼭 맞는 옷을 입으려면 남들보다 더 큰 비용을 부담해야 하는 경우도 흔하다.

사람들로부터 원하지 않는 관심을 받으면서 일상에서 불편함과 난처함을 겪다 보면 심리적으로 위축되기도 한다. 큰 유방이 일상의 행복에 끼치는 영향력을 과소평가하지 말자. 만약 큰 유방 때문에 신체적 통증과 심리적 괴로움을 경험하고 있다면 주저하지 말고 전문가의 도움을 받길 바란다.

치료법

만약 유방의 크기가 당신에게 심각한 문제이고, 또 지지력 좋은 브라를 입는 등의 일반적인 방법으로 문제가 해결되지 않는다면 유방 축소 수술을 고려할 수 있다. 유방 축소 수술은 유방의 미용적인 측면에도 도움이 되지만 일반적으로 만성 통증을 해결하고 전반적인 삶의 질을 높이기 위해 사용된다(186쪽 참조). 단 축소 수술로 인해 모유 수유가 어려울 수 있고, 임신을 하거나 체중이 증가하면 다시 커질 수 있다는 사실을 미리 알아두는 것이 좋다.

많이 하는 질문들

유방 발달

유방 발달의 속도를 높일 수 있을까?

유방 발달을 빠르게 진행시킬 수는 없다. 하지만 트랜스젠더 여성의 경우 호르몬 치료가 유방 조직의 발달을 촉진할 수는 있다.

•

마사지가 유방을 키우는 데 도움이 될까?

가슴 마사지는 유방 크기에 영향을 주지 않으며, 유방이 예민한 상태라면 마사지가 오히려 아프거나 불편하게 만들 수 있다.

•

크림이나 보조제가 유방을 크게 만들 수 있을까?

유방을 크게 만든다고 광고하는 크림이나 보조제의 효과는 증명된 바 없다.

•

체중이 유방 크기에 영향을 미칠까?

항상 그렇지는 않다! 유방에는 지방 조직이 있어서 체중이 늘거나 줄면 모양이 변할 수 있다. 체중이 줄면 더 작아 보일 수 있고, 체중이 늘면 더 커 보일 것이다.

•

피임법으로 유방을 키울 수 있을까?

호르몬 피임법은 일시적으로 유방이 커지거나 유방에 통증이 느껴지기도 한다. 크기의 변화는 영구적이지 않다. 자세한 내용은 73쪽과 151쪽을 참조하라.

운동을 하면 유방이 변할까?

유방에는 근육이 없으므로 운동을 해도 유방 발달에 영향을 주지 않는다. 하지만
유방은 흉근 위에 놓여 있기 때문에 이 근육을 키우면 유방 모양에 영향을 줄 수 있다.

•

내 유방보다 작거나 헐렁한 브라를 입으면
유방에 영향을 줄까?

몸에 잘 맞지 않는 브라를 입는다고 해서 유방 발달에 영향을 주지는 않는다.
하지만 움직임이 불편할 것이다. 브라에 관해서는 52~67쪽을 참조하라.

•

잘 때도 브라를 착용해야 할까?

그건 개인의 선택이다. 수면 중의 브라 착용은 유방 발달에
영향을 주지 않는다. 만약 유방이 크고 무겁다면 잘 때
브라를 입는 것이 불편을 해소하는 데 도움이 될 수 있다.

•

엎드려 자면 유방에 좋지 않을까?

수면 자세는 유방 발달에 영향을 주지 않는다. 다만 유방이
예민한 상태라면 엎드린 자세가 불편할 수 있다.

•

친구가 나보다 유방이 더 빨리 발달했다면
친구의 유방이 더 커질까?

유방의 발달 시기와 속도가 유방의 최종 크기와 꼭 관련이 있는 것은 아니다.
따라서 유방이 먼저 발달했다고 해서 최종 크기도 더 클 거라고 장담할 수는 없다.

브라의 기초 상식

브라를 고르는 일은 처음뿐만 아니라 언제라도 막막하게 느껴질 수 있다.
크기와 스타일, 소재, 모양과 가격에서 너무나 다양한 선택지가 존재한다.

나는 매일 우리 병원에 오는 환자들을 보면서 자기 몸에 맞지 않는 브라를 입은 모습을 자주 목격한다. 컵 사이즈가 맞지 않거나, 밑 밴드가 견갑골에 닿을 정도로 높게 올라가 있거나, 어깨끈이 길어서 어깨에서 자꾸 떨어지는 경우가 많았다. 몸에 잘 맞지 않는 브라를 착용하는 여성이 전체의 약 80%에 달한다고 한다.

2005년 오프라 윈프리는 자신의 쇼에서 '브라 혁명'이라는 코너를 진행한 적이 있다. 오프라는 알맞은 사이즈의 브라가 "그야말로 기적을 안겨 준다"라고 말하며 여성들에게 자기 몸에 맞는 브라를 입자고 목소리를 높였다.

첫 브라는 어떻게 골라야 할까?

사람들의 유방은 모두 다른 속도로 발달한다. 사춘기 시기에는 유방의 성장 속도가 빨라 몇 달마다 새로 교체하는 경우가 흔하므로 합리적인 가격도 중요한 요소일 수 있다. 특히 처음 브라에 적응하는 시기라면 부드러운 소재나 봉제선이 없는 브라가 편하다. 어깨끈이나 밑 밴드를 조절할 수 있는 브라도 좋은 선택이다. 잘 맞기만 한다면 와이어를 덧댄 브라를 굳이 마다할 필요는 없다(63쪽 참조).

온라인 구매가 편할 수 있지만 사이즈를 측정하거나 입어 보기가 어렵다. 가능하다면 탈의실이 있는

Q: 브라를 꼭 입어야 할까?

(.) (.)

A: 개인의 선택에 달려 있다! 하지만 입을 계획이라면 몸에 잘 맞는 브라를 입는 것이 현명하다. 브라를 입으면 유방을 지지하는 데 도움이 되고, 특히 운동할 때 유방의 불편을 해소하는 데 도움이 된다. 유방 처짐은 여러 가지 요인과 관련이 있지만 브라 착용이 보편적이지 않은 문화권에서 처짐이 더 뚜렷하게 나타나는 경향이 있다. 이러한 이유로 브라를 착용하는 사람도 있다. 자기 몸에 잘 맞는 브라를 입었다면 낮이든 밤이든 브라를 입어도 건강상의 문제가 생기지 않는다.

(.) (.)

속옷 가게에 방문해 직접 다양한 스타일과 사이즈를 입어 보고, 피팅 전문가에게 조언을 구하는 것이 좋다.

얼마나 자주 측정해야 할까?

성장이나 체중 변화, 임신, 모유 수유와 같은 큰 변화를 겪었다면 속옷 전문가의 도움을 받아 브라 사이즈를 측정하는 것이 좋다. 월경 주기 동안 유방이 꽤 많이 변하기 때문에 시기별로 다른 사이즈의 브라가 필요한 사람도 있다. 브라 사이즈를 정확히 알고 있더라도 유방은 언제든 변할 수 있으니 1년에 한두 번쯤 다시 측정하기를 권장한다. 브라가 불편하게 느껴지는 순간이 온다면 더 자주 사이즈를 측정하자.

언제 새로운 브라를 사야 할까?

유방에 큰 변화가 없더라도 브라는 오래 입으면 닳기 마련이다. 특히 밑 밴드는 시간이 지날수록 잘 늘어나기 때문에 이런 문제를 보완하기 위해 여러 개의 후크가 달려 있다. 따라서 늘어날수록 길이를 줄여 착용할 수 있다. 하지만 최대한 짧게 착용해도 브라가 헐렁하거나 지지력이 약하다고 느껴지면 교체하는 것이 좋다. 컵이 늘어나거나 너무 크게 느껴진다면, 어깨끈이 흘러내려 길이를 계속 조절해야 한다면, 와이어가 삐져나오거나(와이어가 피부나 유방 조직을 파고들기도 한다) 면이 해졌다면(앏은 고무줄이 튀어나왔을 것이다), 당신의 브라는 유통 기한이 지났다. 1년에 한두 번 사이즈를 측정할 때 6~9개월 간격으로 가지고 있는 브라의 상태도 함께 확인하는 습관을 들이자.

어떻게 관리해야 할까?

브라의 가격이 저렴한 편은 아니라서 좋은 상태를 오래 유지할 수 있도록 신경 써서 관리하는 것도 중요하다. 대부분의 브라에 손빨래만 가능하다고 표기된 이유는 와이어와 후크가 세탁기 내부나 장식용 레이스 또는 다른 약한 직물을 손상시킬 수 있기 때문이다. 세탁기를 사용할 경우에는 브라 끈이 다른 세탁물에 엉켜 늘어나지 않도록 세탁망을 쓰는 것이 좋다. 또한 열에 의해 손상될 수 있으므로 건조기 사용은 피한다. 그 대신 브라 중심 부분을 걸어 자연 건조시키거나 건조대 위에 눕혀서 말리는 것을 추천한다. 브라의 어깨끈을 걸어서 말리면 젖은 상태라서 무거워지기 때문에 늘어날 위험이 있다.

브라를 얼마나 자주 세탁하느냐는 모든 사람들의 '착용 조건'이 동일하지 않기 때문에 개인마다 다를 수 있다. 선선한 사무실에서 주로 앉아서 일하는 환경과 더운 여름에 몇 시간 동안 땀을 흘리며 하이킹하는 환경은 결코 동일하다고 볼 수 없다. 그렇지만 두세 번 이상 연달아 착용하지는 말자. 땀의 소금기가 브라의 고무밴드를 손상시킬 수 있기 때문이다.

브라 몇 개를 두고 번갈아 입는 것도 좋은 방법인데, 브라를 입었을 때 늘어나고 긴장 상태에 놓였던 고무밴드가 다시 원래 길이로 돌아올 시간을 확보할 수 있어 수명을 늘리는 데 도움이 된다. 또한 몸에 잘 맞는 브라는 그렇지 않은 브라보다 더 오래 입을 수 있다. 작은 치수의 브라는 그만큼 몸에 맞추기 위해 늘어나기 때문에 수명이 짧다.

브라를 보관하는 가장 좋은 방법은 서랍장에 눕히거나 한쪽 컵을 반대쪽 위로 겹쳐서 보관하는 것이다. 어깨끈을 걸어서 보관하는 방법은 추천하지 않는다.

(.)(.)

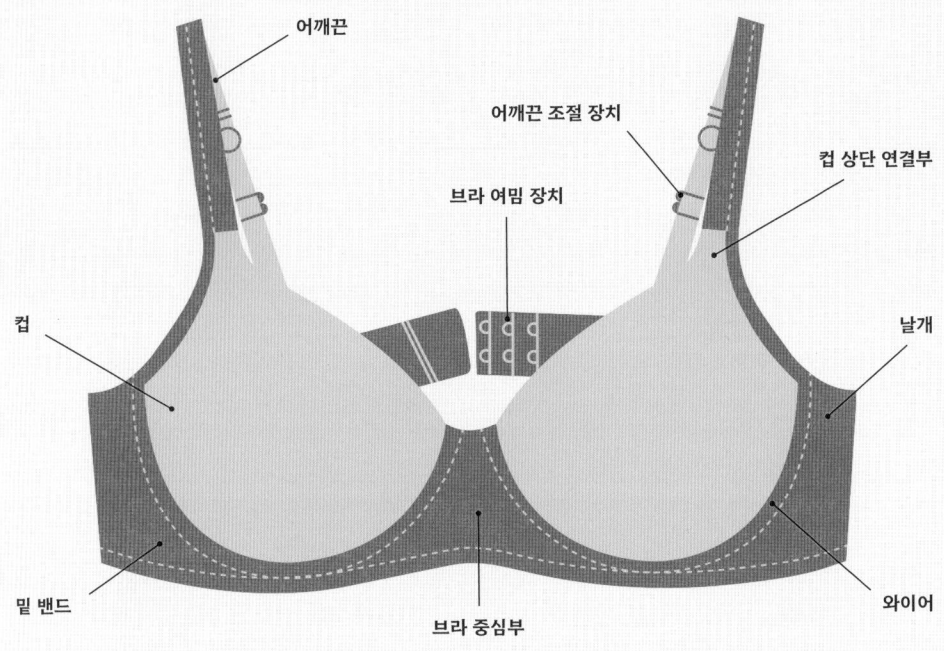

브라의 구조

브라를 구매하기 전에 브라의 기본 구조와 각 요소가 어떤 역할을 하는지 미리 알아두면 유용하다. 대부분 옷 안에 가려져 있다 보니 브라에 접목된 기술이 저평가되는 경우가 많다.

밑 밴드

- 브라의 숨은 주역인 밑 밴드는 유방 무게의 대부분을 지탱한다. 밑 밴드는 날개와 브라 중심부로 구성되어 있고, 마치 외팔보나 선반의 형태로 유방을 지지한다.

- 너무 조이지도 너무 헐렁하지도 않게 편안하게 몸통을 감싸야 하고, 등 쪽 밴드가 위로 올라가지 않고 평행한 상태를 유지해야 한다.

날개

- 컵에서부터 등까지 이어지는 날개는 후크와 같은 여밈 장치와 연결된다. 만약 컵 중심에 여밈 장치가 있는 앞 후크 브라라면 날개가 하나로 연결되어 있을 것이다.

- 날개는 올바른 높이에 있어야 한다. 만약 너무 높다면 겨드랑이가 눌리거나 피부가 쓸릴 수 있다.

브라 중심부

- 밑 밴드 중에서도 두 컵 사이의 평평한 부분을 이루고 있는 브라 중심부는 갈비뼈와 평행하게 자리 잡아야 한다.

- 만약 브라 중심부와 갈비뼈 사이에 틈이 있다면 밑 밴드가 너무 길거나 컵이 너무 작다는 의미다.

- 브라 중심부는 다양한 모양과 높이로 만들어진다. 유방의 형태에 따라서 특정한 모양이나 높이가 불편하다고 느낄 수 있다. 예를 들어 양쪽 유방이 서로 가깝게 붙어 있는 형태라면 중심부가 높은 브라는 불편할 수 있다.

컵

- 유방을 넣는 부분이다.

- 컵이 유방을 얼마나 덮는지는 브라의 스타일에 따라 달라지는데, 유방을 완전히 감싸는 브라부터 아래쪽만 감싸는 브라까지 다양한 종류가 있다.

- 대개 양쪽 컵은 분리되어 있고, 일부 스포츠 브라의 경우에는 두 유방이 들어가는 컵이 마치 하나처럼 보이기도 한다.

- 컵은 스펀지 같은 재질로 형태가 잡혀 있거나 컵 안에 패드가 들어 있거나 아무것도 없이 얇은 형태일 수도 있다. 유두를 가리기에는 패드가 든 컵이 더 효과적이다.

컵 상단 연결부

- 컵과 어깨끈이 만나는 부분이다.

- 유방 조직은 쇄골뼈까지 이어지기 때문에 컵 상단의 연결 부분이 피부를 파고들지 않고 몸에 잘 맞아야 한다.

브라 여밈 장치

- 여밈 장치는 앞이나 뒤에 있을 수 있다. 뒤에 있다면 후크인 경우가 대부분이고, 앞에 있다면 후크나 갈고리, 지퍼로 이루어진다.

어깨끈

- 브라를 안정적으로 고정하고 유방을 적당히 지탱한다.

- 사람마다 어깨 높이가 다르므로 자기 몸에 맞게 길이를 조절할 수 있어야 한다.

- 너무 꽉 조여 피부를 파고들거나 너무 헐렁해서 흘러내리지 않도록 길이를 조절할 수 있어야 한다.

와이어

- 모든 브라에 와이어가 있는 건 아니지만, 만약 와이어가 있다면 보통 브라 컵 아래쪽의 작은 통로에 들어 있다.

- 와이어는 유방 모양을 따라 잘 받쳐 주고 피부 조직을 파고들지 않아야 한다.

(.) (.)

가장 이상적인 브라는 무엇일까?

패션 유행과 창의적인 디자인, 가격이나 내구성에 대한 사람들의 관심 덕분에 브라의 스타일이 예전보다 훨씬 다양해졌다.

모든 상황에 딱 맞는 만능 브라는 없다. 스포츠 브라를 입는 목적과 어깨가 드러나는 옷 안에 끈 없는 브라를 입는 목적은 다를 수밖에 없다. 그래서 우리에게는 다양한 종류의 브라가 필요하다. 다행히 기술의 발전으로 선택의 폭이 매우 넓어졌다. 브라 제조업체가 우주복 생산에 참여한 적이 있고 지금도 그렇다면, 과연 앞으로는 또 어떤 놀라운 일이 벌어질까?

솔기의 유무

솔기 브라는 여러 조각으로 만들어진 컵이 있는 브라다. 솔기가 없는 심리스 브라보다 유방을 더 잘 지탱해 주는 편이라서 주로 컵 사이즈가 큰 사람에게 유용하다. 발코니 브라나 하프 컵 브라는 솔기가 있는 스타일로 유방 모양을 잘 잡아 준다. 솔기 브라를 입을 때는 솔기가 피부를 자극하지 않아야 한다. 하나의 조각으로 만들어 솔기가 없는 심리스 브라는 신축성이 좋고 옷 위로 잘 드러나지 않는다. 개인의 선택이지만, 심리스 브라는 유방 지지력이 비교적 약한 편이기 때문에 큰 유방보다는 작은 유방을 가진 사람에게 더 유용하다.

와이어의 유무

브라 밑에 들어 있는 와이어(금속이나 성형된 플라스틱 재질)는 가슴을 잘 지지해 주고 모양을 잡아 주는 역할을 한다. 와이어는 가슴 아래 인대를 따라 위치하는 게 중요한데 사람마다 유방 모양이 달라서 딱 맞기는 어렵다. 만약 컵 모양이 유방 모양과 잘 맞지 않으면 와이어가 피부를 파고들 수도 있다. 여러 브라를 입어 보면서 자신에게 가장 잘 맞는 디자인을 찾는 것이 좋다(63쪽 참조). 어떤 사람은 유방을 잘 지지하고 모양을 잡아 주는 와이어를 선호하지만 와이어가 없는 편안한 착용감을 선호하는 사람도 있다. 어느 쪽이든 틀린 답은 아니다.

끈의 유무

유방을 가장 많이 지지하는 것은 밑 밴드지만 어깨끈도 어느 정도 지지를 돕는다. 유방이 클수록 끈 없는 브라로는 유방을 제대로 지지하기가 어렵다. 그럴 때는 짧은 코르셋처럼 밑 밴드가 몸통까지 길게 내려오는 브라가 도움이 된다.

(.)(.)

풀 컵 브라

유방을 완전히 덮는 형태이므로 큰 유방일수록
더 안정적으로 지탱할 수 있다.

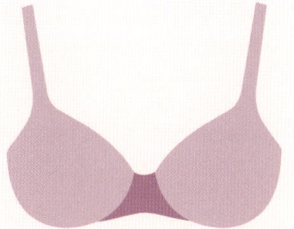

티셔츠 브라

심리스 브라로 컵이 부드럽고 티셔츠 밖으로
잘 드러나지 않도록 만들어졌다.

브라렛

부드럽고 와이어가 없으며 지지력이 약하다.
크롭톱을 입은 것처럼 보이기도 한다.

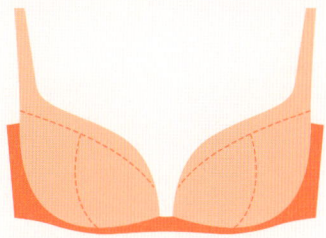

플런지 브라

컵이 낮게 디자인된 형태로 컵 아래에 패드가
덧대어져 가슴선을 최대한 강조한다.

멀티웨이 브라

등이 V자가 되는 레이서 백이나 목 뒤에서 고정하는
홀터넥 등으로 어깨끈 위치를 바꿔 입을 수 있다.

스포츠 브라

운동할 때 유방을 잘 지지하고
움직임을 최소화하도록 만들어졌다.

(.) (.)

스트랩리스 브라

옷 밖으로 어깨끈을 드러내고 싶지 않을 때 입는다.
넓은 밑 밴드가 유방의 무게를 지탱한다.

접착식 브라

끈이나 밑 밴드가 없는 브라로
유방에 접착하는 형태다. 지지력은 약하다.

발코니 브라

컵 높이가 낮고 어깨끈이 바깥쪽에 달려 있어
유방을 더 끌어올리고 볼륨감을 강조한다.

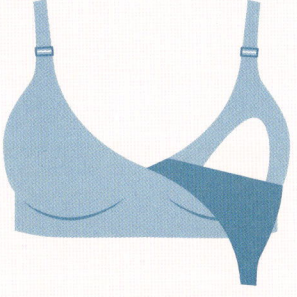

수유 브라

지지력이 좋고 언제든 쉽게 모유 수유를
할 수 있도록 컵 부분을 열 수 있다.

유방 절제술 후 브라

솔기가 부드럽고 밑 밴드가 넓으며 컵이 분리되어
있어 유방 절제술 후에도 편안하게 착용할 수 있다
(183쪽 참조).

(.) (.)

브라 사이즈 측정하기

브라 사이즈가 완전히 표준화되어 있지는 않지만 측정하는 방법을 알아두면 브라를 고르는 데 큰 도움이 된다. 물론 많이 입어 보는 것이 가장 중요하다.

밑 밴드 사이즈 찾기

밑 밴드가 위치할 유방 아래 둘레를 측정한다. 밑유방 둘레를 측정할 때는 숨을 내쉬고 편안한 자세를 취한다. 이때 줄자가 유방을 꽉 조이거나 호흡을 방해해서는 안 된다. 측정한 길이를 기록해 둔다.

- 영국이나 미국에서 판매하는 브라의 밑 밴드는 인치로 표기한다. 이때 줄자로 측정한 길이가 그대로 브라 사이즈를 고르면 안 된다. 그 전에 밑유방 둘레에 숫자를 더해야 한다. 만약 밑유방 둘레가 짝수라면 4를 더하고, 홀수라면 5를 더한다. 예를 들어 밑유방 둘레가 30in가 나왔다면 밑 밴드 사이즈는 34가 되고, 31in가 나왔다면 36이 된다.

- 위의 두 나라를 제외한 다른 나라들은 대부분 센티미터를 사용하고, 사이즈 앞에 유럽을 뜻하는 EU나 국제표준을 뜻하는 INT, EU/INT가 함께 붙어 있기도 하다. 밑 밴드 사이즈는 5cm 단위로 나뉘며 70, 75, 80 등으로 구분된다. 먼저 밑유방 둘레를 측정한 후 가장 가까운 5의 배수로 내림해서 사이즈를 정한다. 이를테면 밑유방 둘레가 83cm라면 80 사이즈를 고르면 된다.

- 프랑스와 스페인은 유럽 사이즈에 15cm를 더한다. 이탈리아에서는 5cm 간격으로 구분하며, 각 사이즈를 아라비아 숫자나 로마 숫자로 표기한다.

- 호주도 센티미터를 사용하지만, 호주만의 AU 사이즈로 바꿔 표기한다. 예를 들어 77~82cm는 12 사이즈이고, 83~88cm는 14 사이즈, 89~94cm는 16 사이즈다.

영국/미국	28	30	32	34	36	38	40	42
유럽/국제표준	60	65	70	75	80	85	90	95
프랑스/스페인	75	80	85	90	95	100	105	110
이탈리아	00	0	1/I	2/II	3/III	4/IV	5/V	6/VI
호주	6	8	10	12	14	16	18	20

(.)(.)

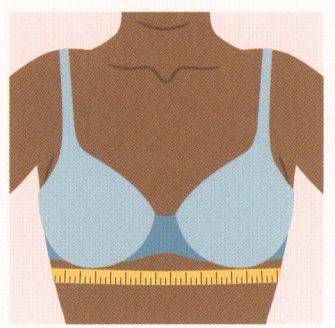

밑 밴드 사이즈는
유방 아래 둘레를 측정한다.

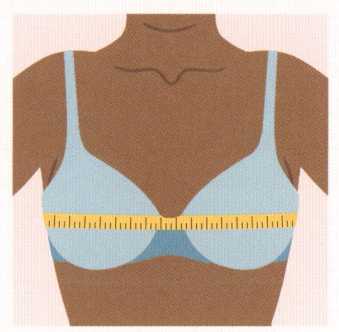

유방 사이즈는 유방에서
가장 높은 부분을 측정한다.

유방 사이즈 찾기

이번에는 유방에서 가장 높은 부분(대부분 유두를 지나는 부분)을 측정한다. 이때 줄자를 세게 당겨 피부에 파고들지 않도록 유의해야 한다. 숨을 내쉬고 편안한 자세로 서서 유방 둘레와 가장 가까운 인치나 센티미터로 반올림한다.

컵 사이즈 계산하기

컵 사이즈를 계산하려면 먼저 윗유방 둘레에서 밑 밴드 사이즈를 뺀다. 두 수의 차가 컵 사이즈가 된다. 하지만 말처럼 간단하지는 않다.

- 영국과 미국의 경우 밑 밴드 사이즈가 36in고 윗유방 둘레가 40in면 두 수의 차가 4in가 되고 브라 사이즈는 36D가 된다(두 수의 차: 1in=A, 2in=B, 3in=C, 4in=D).

- 영국과 미국은 더 큰 사이즈로 넘어가면 표기 방식이 달라지는데, DD와 같이 알파벳을 반복해 표기하는 방식은 영국에서 더 널리 사용된다. 오른쪽 사이즈 표를 참조하라.

- 유럽과 국제표준의 경우 밑유방 둘레에서 가까운 5의 배수로 내림한 수를 사용한다. 그래서 만약 밑유방 둘레가 83이고 윗유방 둘레가 96이라면, 컵 사이즈를 측정할 때는 96에서 80을 빼 16이라는 값이 나오게 된다(13이 아니다). 프랑스와 이탈리아도 같은 방식으로 컵 사이즈를 측정한다.

- 유럽에서 판매되는 브라의 컵 사이즈는 알파벳 두 글자로 표기하는 방식을 사용하지 않기 때문에 컵 사이즈가 다른 나라에 비해 급격하게 증가하는 것처럼 보인다.

- 호주의 사이즈 체계도 영국과 유사하게 알파벳 두 글자 표기법을 사용한다.

(.)(.)

브라 사이즈 측정하기

윗유방 둘레와 밑 밴드 사이즈의 차		컵 사이즈		
영국과 미국은 인치로 표기	유럽과 국제표준은 센티미터로 표기	영국	미국	유럽/국제표준
0	10-12	AA	AA	AA
1	12-14	A	A	A
2	14-16	B	B	B
3	16-18	C	C	C
4	18-20	D	D	D
5	20-22	DD	DD/E	E
6	22-24	E	DDD/F	F
7	24-26	F	G	G
8	26-28	G	H	H

· 브라 사이즈의 변화 ·

브라 사이즈를 고르는 것이 복잡하게 느껴지는가? 단순히 기분 탓이 아니라 실제로도 그렇다! 전 세계적으로 브라 사이즈는 표준화되어 있지 않고, 온라인 구매도 늘어나 사이즈 체계가 훨씬 복잡해졌다. 또 영국의 경우에는 표준 사이즈 측정법이 부정확하고 실제보다 작은 사이즈로 측정되는 경향이 있다. 특히 컵 사이즈는 실제보다 작고, 밑 밴드 사이즈는 실제보다 크게 입는 경우가 많다. 큰 유방을 위한 사이즈도 부정확하다. 기존의 측정 방식은 D컵까지만 고려해 만들어졌다 보니, 현재는 M 사이즈까지 확장되었다. 측정값을 참조하되 라벨에 표기된 사이즈를 신경 쓰기보다는 내 몸에 편안하게 착용할 수 있는 브라를 찾는 데 주목하자.

(.)(.)

이 정도로도 이미 충분히 복잡한데 브라 사이즈가 표준화되어 있지 않다 보니 제조업체마다 사이즈 체계가 다르기까지 하다. 밑유방 둘레와 윗유방 둘레 차이가 1in면 A컵이어야 하지만 현실에서는 그렇지 않은 경우도 있다. 그러므로 가장 정확한 방법은 입어 보고 선택하는 것이다!

내 몸에 맞는 브라 고르기

맞는 사이즈를 찾았다면 이제 브라를 입어 볼 차례다. 잘 맞는 브라를 찾기 위해 아래의 팁을 참조하자.

- 브라를 입고 후크를 채울 때 허리를 앞으로 살짝 숙인 다음 컵 안에 유방이 꽉 차게 한다.

- 밑 밴드가 가장 바깥쪽, 그러니까 가장 느슨한 후크에 채웠을 때 잘 맞는 것을 고르는 것이 가장 좋다. 모든 브라는 입을수록 늘어나기 때문에 후크를 한 칸씩 줄이면서 입어야 계속 내 몸에 잘 맞는 브라를 입을 수 있다.

- 밑 밴드는 평행한 상태여야 한다. 특히 등 쪽 밴드가 위로 올라가지 않고 앞쪽과 같은 높이에 있어야 한다. 아마 여러분의 생각보다 낮은 위치일 것이다.

- 브라는 너무 작아서 피부를 조이거나 너무 커서 헐렁하지 않고 몸을 편안하게 감싸야 한다. 밑 밴드 아래로 손가락 하나가 들어갈 수 있는 정도의 공간이 남는 것이 좋다.

- 어깨끈은 너무 짧아 파고들지도 않고 너무 헐렁하지도 않도록 적절한 길이로 조절한다. 마찬가지로 오래 입을수록 늘어나기 때문에 꽤 자주 어깨끈을 줄여야 할 것이다.

- 이제 거울 앞에 서서 모습을 확인하자. 유방은 컵에서 넘치거나 컵 안에 남는 공간 없이 알맞게 채운 상태여야 한다.

- 와이어가 있는 브라라면 갈비뼈 위에 평평하게 놓여 있어야 한다. 피부나 쇄골뼈를 파고들지 않게 한다.

- 브라 중심부(55쪽 참조)는 가슴뼈 위에 평평하게 위치한다.

- 양쪽 유방은 대칭이 아니기 때문에 한쪽 어깨끈을 더 짧게 조정하거나 더 큰 쪽의 유방도 잘 맞도록 신축성 있는 소재의 브라를 고르는 것도 좋은 방법이다. 어떤 브라는 컵 안의 패드가 탈부착이 가능해서 원하는 쪽 패드를 제거해 사용할 수도 있다.

임신과 모유 수유, 유방 절제술 후의 브라 착용에 관해서는 183쪽을 참조하라.

내 브라가 잘 맞는 것일까?

잘 맞는 브라를 고르는 것은 편안한 착용감을 위해 꼭 필요한 과정이다. 평생에 걸쳐 유방은 계속 변하기 때문에 주기적으로 브라가 몸에 잘 맞는지 확인해야 한다.

사이즈 체계가 워낙 다양하다 보니 잘 맞는 브라를 찾기 위해서는 시간을 들여 다양한 스타일과 사이즈의 브라를 입어 보아야 한다.

좋은 소식은 잘 맞는 브라를 고르기가 예전보다는 훨씬 쉬워졌다는 점이다. 오늘날에는 온라인으로 가상 피팅을 신청할 수 있어 집 안에서도 편안하게 쇼핑할 수 있다. 또 많은 속옷 가게에서 브라 피팅 전문가의 도움을 받아 무료로 브라를 입어 볼 수 있는 서비스를 제공하고 있다. 탈의하기가 꺼려진다면 옷을 입은 채로 사이즈를 측정하는 것도 가능하고, 구매에 대한 부담도 없다.

대부분의 나라에서 브라 사이즈는 34C 또는 75D처럼 숫자와 알파벳으로 표기한다. 숫자는 밑유방 둘레를, 알파벳은 컵 사이즈를 나타낸다. 하지만 나라마다, 심지어 제조업체마다 같은 숫자여도 의미하는 바가 달라진다. 심지어 같은 브랜드에서 만든 브라여도 사이즈가 다르게 느껴지기도 한다.

당신의 브라 사이즈가 무엇인지는 전혀 중요하지 않다. 아무도 브라의 라벨을 확인하지 않으며, 그런다고 해도 무슨 상관인가? 중요한 것은 브라가 내 몸에 잘 맞는가이다. 물론 사이즈 체계나, 어떻게 사이즈를 측정할 수 있는지 알아두면 도움이 되지만 그 후에는 실제로 브라를 입어 보는 것이 중요하다. 나라마다 브라의 사이즈 체계가 복잡하고 제멋대로인 것처럼 보여도 너무 걱정하지 말자. 무엇보다 중요한 건 브라가 내 몸에 잘 맞는다는 사실이다.

· 자매 사이즈 ·

컵 사이즈가 실제 유방 크기라고 오해하는 경우도 있는데 사실은 그렇지 않다. 누군가의 유방 사이즈가 D컵이라면 그건 밑 밴드와 컵 사이즈를 모두 반영한 수치다. 그러니까 34B 사이즈는 32B 사이즈와 컵 사이즈는 동일하지만 더 크다. 이러한 특성을 바탕으로 '자매 사이즈'를 찾을 수 있다. 그러니까 컵이 너무 큰 브라를 입었다면 밴드 사이즈는 키우고 컵 사이즈는 낮추면 된다. 예를 들어 36D 브라를 입었을 때 컵이 너무 크다면 38C로 바꿔 컵 사이즈는 줄이고 밑 밴드 길이는 키워서 입으면 된다. 반대로 36D를 입었을 때 컵이 너무 작다면 34E 사이즈로 바꿔 컵을 키운 만큼 밑 밴드 길이를 줄이면 된다.

(.)(.)

브라가 잘 맞지 않는다는 신호

위로 유방이 튀어나옴

만약 유방이 컵 위로 튀어나온다면 컵 사이즈를 더 키우거나 유방을 더 많이 감싸 주는 스타일의 브라가 필요하다.

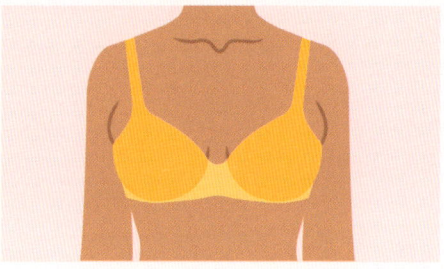

옆으로 유방이 튀어나옴

유방이 컵 옆으로 튀어나온다는 것은 어깨끈이 너무 짧거나 컵 사이즈를 키워야 한다는 의미다.

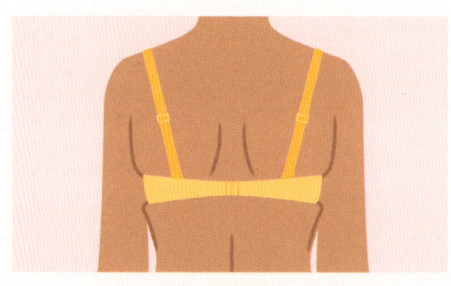

브라가 불편함

만약 와이어나 밑 밴드, 중심부가 꽉 조이거나 불편하다면 브라가 올바른 위치에 착용되지 않았다는 신호다. 밑 밴드 길이가 너무 짧거나 너무 길어서 브라가 위로 올라갔거나 컵이 유방에 비해 너무 작을 수 있다. 밑 밴드나 컵 사이즈를 바꾸면 도움이 된다.

컵 안에 공간이 남음

이런 현상은 컵과 어깨끈이 만나는 컵 상단부에 주로 나타난다. 어깨끈을 조이는 방법도 있고, 컵 사이즈를 줄여야 할 수도 있다. 컵이 유방과 떨어져 여분의 공간이 남는다면 유방에 비해 컵이 크다는 의미다.

(.) (.)

내 브라가 잘 맞는 것일까?

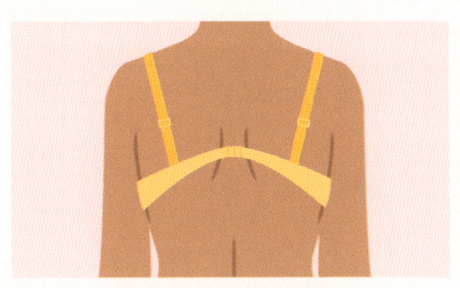

등 쪽 밴드가 너무 올라감

밑 밴드는 앞과 뒤가 평행해야 한다. 만약 등 쪽 밴드가 위로 올라갔다면 어깨끈이 너무 짧아서일 수 있으므로 길이를 조절한다. 어깨끈 문제가 아니라면 밑 밴드 길이가 너무 길어서 유방을 제대로 지탱하지 못하고 앞쪽 브라가 아래로 끌어당겨지는 바람에 뒤쪽이 올라갔을 수 있다. 혹은 밑 밴드 길이가 너무 짧아서 생기는 문제일 수도 있다.

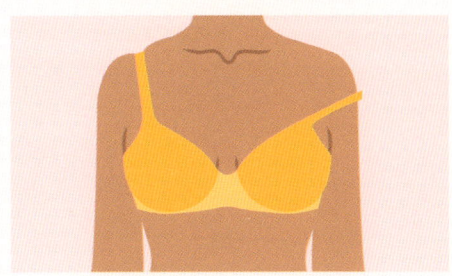

어깨끈이 너무 조이거나 헐렁함

어깨끈이 너무 짧아 살을 파고든다면 길게 늘여서 입어야 한다. 오래 입다 보면 탄성이 줄어들면서 어깨끈이 흘러내리는 경우도 있는데 길이 조절이 가능한 어깨끈으로 이런 문제를 보완할 수 있다. 어깨끈 밑으로 엄지손가락을 넣어 들어 올렸을 때 약간의 탄성이 느껴지고 몇 센티미터 정도만 올라가는 정도가 좋다.

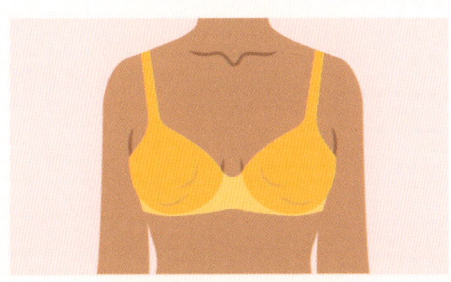

컵에 주름이 생김

만약 컵 부분의 소재나 구조가 주름진다면 다른 사이즈의 컵이 필요할 수 있다. 브라의 컵은 유방을 매끄럽게 감싸야 한다.

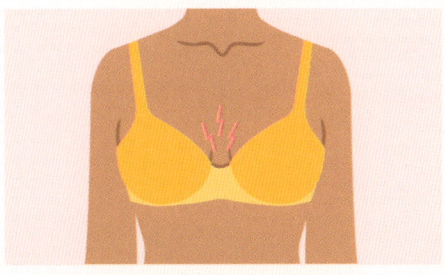

컵 중심부의 문제

컵 중심부는 유방 위에 평평하게 놓여야 한다. 만약 살을 파고든다면 밑 밴드 길이가 너무 짧다는 의미다. 만약 유방과 중심부 사이에 빈틈이 있다면 컵 사이즈가 너무 작거나 너무 크다는 의미다.

(.)(.)

많이 하는 질문들

브라 구매에 관해

브라 피팅은 어떤 식으로 진행될까?

브라가 몸에 잘 맞는지 확인할 수 있는 가장 간단한 방법은 속옷 매장에서 피팅 전문가의 도움을 받는 것이다. 많은 매장에서 피팅 서비스를 무료로 제공하고 있으며, 미리 예약을 해야 하는 경우도 있다. 옷을 다 벗거나 유방을 드러내야 할까 봐 걱정하지 않아도 된다. 헐렁한 겉옷만 벗거나 내의나 브라를 입은 채로 측정하는 경우가 대부분이다. 전문가가 직접 사이즈를 측정하거나 여러분에게 사이즈 재는 법을 자세히 알려 주기도 하고 눈으로 보고 판단할 수도 있다. 사이즈를 측정한 후에는 브라를 함께 골라 주고, 사이즈가 잘 맞는지도 확인해 줄 것이다. 브라를 갈아입는 동안에는 탈의실 밖에서 기다릴 테니 걱정하지 않아도 된다.

•

온라인에서 사도 될까?

일부 속옷 브랜드에서는 소비자들이 딱 맞는 사이즈는 물론이고 각자가 원하는 지지력과 디자인을 가진 브라를 고를 수 있도록 가상 피팅 서비스를 제공하고 있다. 다양한 사이즈나 스타일을 입어 보고 싶다면 구매하기 전에 반품 정책과 반품비 여부도 확인하자.

•

중고는 어떨까?

브라도 중고로 살 수 있다. 질이 좋고 수명(그리고 신축성!)이 아직 많이 남아 있는 중고 제품을 구할 수 있다. 아마도 전에 구매한 사람이 사이즈를 교환했거나 특별한 옷에 잠깐 입었던 제품일 수도 있다. 언제나 그렇듯 브라는 내 몸에 잘 맞는지가 가장 중요하다. 만약 오래된 브라를 기부하고 싶다면 자선 단체나 기관에 보낼 수 있다.

가격이 중요할까?

브라를 구매할 때는 사이즈와 착용감, 스타일, 기능, 내구성, 가격까지 고려해야 할 요소가 너무 많다. 고려해야 할 또 하나의 중요한 요소는 옷을 입거나 벗었을 때 유방의 모양이다. 얼마나 많은 비용을 쓸 것인가는 개인의 선택이고, 그 선택은 이러한 모든 요소에 의해 결정된다. 가격이 얼마든 간에 잘 맞는 브라를 구매하는 것이 가장 중요하다.

・

임신 중에는 새로운 브라를 사야 할까?

임신 기간에는 유방 크기가 커지거나 갈비뼈가 확장되는 등 신체의 변화가 생기기 때문에 임신 중에 입을 생각이라면 전과는 다른 사이즈의 브라가 필요할 것이다. 브라 피팅 전문가의 도움을 받아 알맞은 사이즈를 고르는 것도 좋다. 임산부용 브라도 따로 판매하지만 필수는 아니다. 어떤 사람들은 유방을 더 잘 지지해 주는 스포츠 브라를 선호하기도 한다. 수유 브라와 관련해서는 92쪽을 참조하라.

・

암 치료 중에는 어떻게 해야 할까?

유방암 치료를 하는 동안, 그리고 치료가 끝난 후에는 유방 사이즈가 달라질 수 있으므로 기존 브라가 잘 맞는지 확인해야 한다. 유방 절제술 후 브라를 고르는 경우라면 183쪽을 참조하라.

Chapter 4

사춘기 이후

월경 주기

주기적으로 호르몬 변화가 일어나기 때문에
매일매일 유방의 느낌이 어떻게 변할지 예측할 수 있다.

- 날짜별 월경 주기

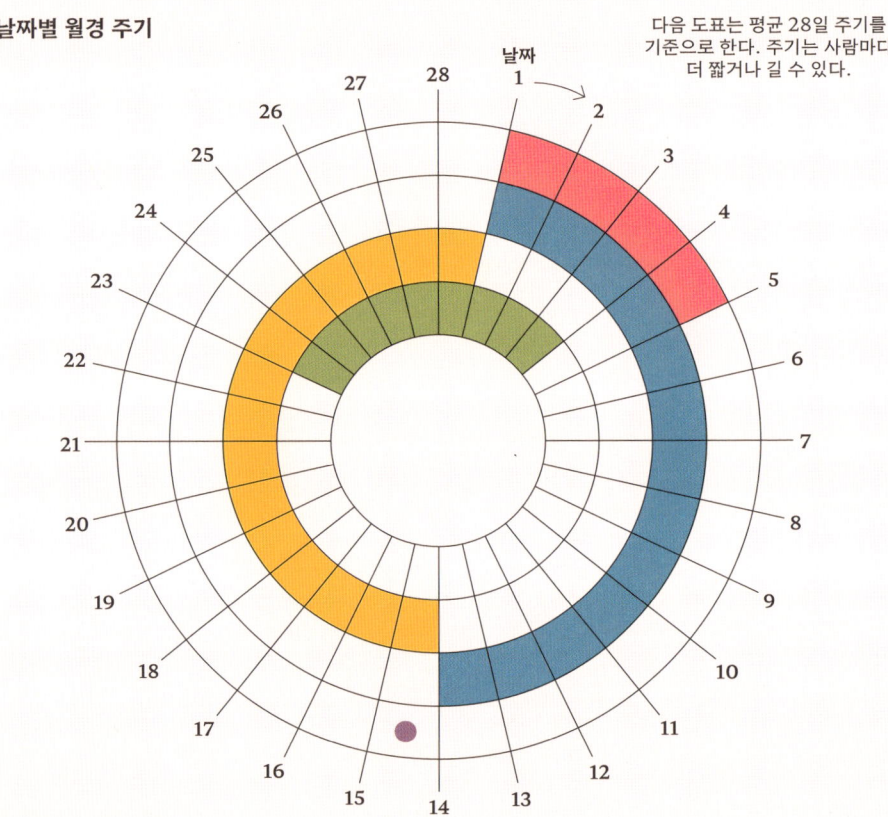

다음 도표는 평균 28일 주기를 기준으로 한다. 주기는 사람마다 더 짧거나 길 수 있다.

- 🔴 생리/기간: 3~8일 (평균 5일)
- 🔵 배란 전 단계/난포기
- 🟣 배란
- 🟡 배란 후 단계/황체기
- 🟢 월경전 증후군 (배란이 끝난 후 언제든 일어날 수 있고, 생리 후 약 5일까지 지속되기도 함)

(.)(.)

월경 주기

월경 주기의 여러 단계를 거치는 동안 유방의 느낌은 크게 달라질 수 있다. 어떤 날에는 예민하거나 통증이 느껴져 브라를 더 편하게 조절해야 할 수도 있다. 왜 이런 일이 생기는 것일까?

생리 전에 느끼는 유방의 불편함은 대략 여성의 절반 정도가 경험하고 있으며, 주로 유방이 부풀거나 예민함, 통증 등의 증상이 있다. 생리 직전이나 생리를 하는 동안에는 유선이 자극을 받아 유방이 더 울퉁불퉁하게 느껴지다가 생리가 끝나면 원래대로 돌아온다. 어떤 사람은 피부 안에 작은 조약돌이나 옥수수알이 만져지는 것 같다고 묘사하고, 심한 통증을 느끼기도 한다. 월경 주기의 유방 통증에 관해서는 128쪽을 참조하라.

월경 주기 이해하기

월경 주기는 생리 첫날부터 시작되고, 생리를 하는 동안에도 뇌에서는 벌써 다음 주기를 준비한다. 먼저 시상하부라고 불리는 뇌의 한 영역에서 생식샘자극 호르몬방출 호르몬(GnRH)이 분비된다. 이 호르몬의 자극을 받은 뇌하수체는 난포자극 호르몬(FSH)을 분비하고, 난포자극 호르몬은 난소에서 에스트로겐을 분비하도록 유도한다. 이에 따라 여러 개의 난포가 발달해 하나(또는 2개)의 난자가 만들어진다.

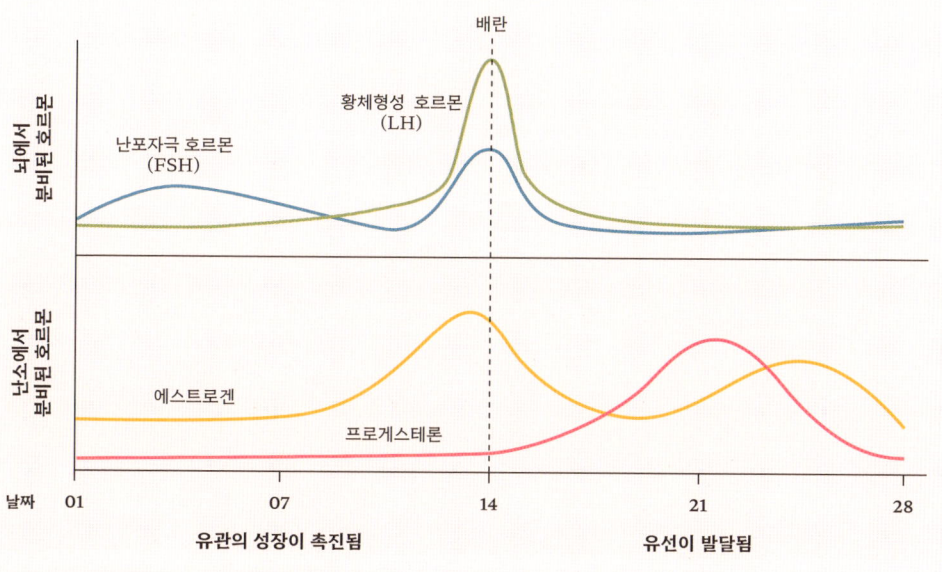

배란 전

난포기라고 부르는 월경 주기 전반기에는 난포자극 호르몬과 에스트로겐 수치가 계속 상승한다. 우리 몸에서 다양한 역할을 하는 에스트로겐은 착상에 대비해 자궁 내막을 두껍게 만드는 일도 한다. 월경 주기가 28일인 경우, 약 12일에서 13일 동안은 에스트로겐 수치의 증가로 인해 뇌하수체가 자극을 받아 황체형성 호르몬(LH)이라는 또 다른 호르몬이 분비된다. 황체형성 호르몬 수치가 급격히 높아지면 배란이 일어나며, 보통 28일 주기에서 14일째에 해당한다. 다음 월경은 배란이 되고 약 14일 후에 시작되기 때문에 전체 월경 주기의 길이는 바로 이 난포기의 길이에 의해 결정된다.

배란 후

배란이 된 후 황체기 동안에는 난자를 배출한 난포의 껍질, 즉 황체가 프로게스테론을 추가로 분비한다. 에스트로겐처럼 프로게스테론도 다양한 역할을 수행하는데, 그중 하나는 착상에 대비해 자궁 내막을 완전히 발달시키고 안정화하는 일이다. 수정이 이루어지지 않으면 약 1주 후 에스트로겐과 프로게스테론 호르몬이 감소해 자궁 내막이 불안정해지다가 결국 탈락하게 된다. 이렇게 탈락한 내막은 생리로 배출된다. 그리고 이 모든 과정이 처음부터 다시 시작된다.

유방에서는 어떤 일이 일어날까?

난포기에는 에스트로겐이 우세하고, 황체기에는 프로게스테론이 우세하다. 그리고 이러한 호르몬의 변화가 한 달 내내 유방에 영향을 준다. 월경 주기 전반기에는 에스트로겐이 유방 속 유관의 발달을 자극한다. 그리고 후반기에는 프로게스테론이 관여해 유선과 소엽의 발달을 촉진하고 수정에 대비한다. 이와 같은 호르몬의 변화로 인해 유방에서 불편한 증상이 느껴지기도 한다. 대체로 이런 증상은 생리 직전에 가장 뚜렷하고, 생리를 시작한 후나 생리가 끝난 직후 완화된다. 월경 주기의 초반에는 에스트로겐과 프로게스테론의 수치가 모두 낮기 때문에 유방이 더 부드럽고 작게 느껴질 수 있다.

생리 전에 유방이 붓는 증상들은 월경전 증후군(PMS)이나 섬유낭성 유방과 연관이 있으며, 이는 암이 아닌 양성 변화에 해당된다(139쪽 참조).

피임

**만약 피임을 고려하고 있다면,
피임이 유방에 어떤 영향을 미치는지 함께 살펴보자.**

항상 그런 것은 아니지만 피임은 유방의 일시적인 크기 변화나 민감한 증상 등의 부작용을 유발할 수 있는데, 피임약 속의 호르몬 때문이다(아래 내용 참조). 반면 콘돔이나 구리 자궁 내 장치(IUD) 또는 여성용 피임 기구인 다이어프램에는 호르몬이 포함되어 있지 않기 때문에 유방에는 어떠한 영향도 끼치지 않는다.

호르몬 피임법

복합 경구 피임약에는 에스트로겐과 프로게스테론이 모두 들어 있고, 프로게스테론 단독 피임약이나 피하 삽입형 피임 기구, 피임 주사, 자궁 내 장치(호르몬 IUD)에는 프로게스테론만 들어 있다.

호르몬이 포함된 피임을 시작하면 유방이 전보다 커지거나 부푼 것처럼 느껴질 수 있다. 이는 호르몬이 유방 조직에 직접 영향을 끼치고 체액 저류를 유발하기 때문이다.

호르몬 피임법으로 인한 유방 크기의 증가는 영구적이지 않다. 몇 달 후 또는 피임을 중단하고 나면 원래대로 돌아간다. 어떤 사람은 7일 동안 휴약하는 기간이나 위약을 먹는 기간에도 유방 크기가 원래대로 돌아왔다고 느끼기도 한다(보통 28일치 피임약 중에서 7일은 위약이지만 개인의 필요에 따라 복약 방식을 조절한 경우에는 휴약 기간이 줄어들거나 아예 없을 수도 있다). 호르몬 피임약 내의 호르몬이 유방의 불편함이나 통증을 유발할 때도 있다. 보통 몇 달이 지나면 통증이 완화되지만 만약 통증이 지속되거나 염려될 때는 의사와의 상담을 통해 다른 피임법을 고려하자. 유방 통증을 관리하는 방법에 관해서는 128쪽을 참조하라.

신체 활동

많은 여성들은 유방의 크기나 불편함 때문에 운동에 집중하기 어렵다고 느낀다. 유방의 움직임을 과학적인 시선으로 살펴보고, 유방을 효과적으로 지지하는 방법에 대해 알아보자.

운동이 건강에 좋다는 것은 모두가 아는 사실이다. 운동은 신체 건강뿐만 아니라 정신 건강에도 긍정적인 영향을 준다. 그런데 많은 여성들이 춤을 추거나, 펄쩍펄쩍 뛰거나, 버스를 잡으러 부리나케 달려갈 때 양팔로 몸을 감싸 흔들리는 유방을 붙잡는다. 몸이 움직이면 유방도 함께 흔들리는 것은 당연한 일이다. 이러한 움직임을 이해하고, 우리 몸에 어떤 영향을 주는지 또 어떻게 하면 유방을 잘 지탱할 수 있는지 알아두면 마음 편하게 운동에 집중할 수 있고 운동 자체를 피하는 일도 없을 것이다.

운동 중 유방의 움직임과 유방을 지지하는 일의 중요성을 가볍게 여겨서는 안 된다. 유방이 큰 여성은 작은 여성에 비해 고강도 운동을 즐기지 않으며, 유방 크기 때문에 운동에 지장이 있다고 응답했다. 실제로 유방 문제는 여성들의 신체 활동을 방해할 수 있으며, 한 연구에서는 성인 여성의 17%가 유방이 운동에 장애가 된다고 응답했다. 또 다른 연구에서는 신체 활동에 가장 방해가 되는 요인 중 네 번째가 유방의 움직임이었다(상위 세 가지에는 동기 부족, 시간 부족, 건강 문제가 있었다). 한편 같은 연구에서는 유방 건강에 대해 이해도가 높은 여성일수록 운동을 더 즐긴다는 결과가 나왔다. 우리는 이 점에 주목해야 한다. 유방 건강에 대한 교육이 스스로 더 나은 결정을 내릴 수 있는 기반이 된다면 여성들은 더욱 적극적으로 운동에 참여할 수 있을 것이다.

> **· 운동 후 유방 통증 ·**
>
> 운동하는 여성 중 70% 이상은 운동 후에 유방 통증을 느꼈다고 응답했다. 이는 유방의 움직임과 연관이 있을 것이라고 추측되지만 정확한 원인은 밝혀지지 않았다. 유방은 생각보다 다양한 방향으로 (오른쪽 참조) 크게 흔들릴 수 있는데, 이러한 반복적인 움직임이 내부 유방 구조의 변화를 유발할 수 있다.

유방은 어떻게 움직일까?

우리가 신체 활동을 하면 유방도 함께 움직이는데, 이때 단순히 상하 운동만 하는 것은 아니다. 유방은 모든 방향으로 움직일 수 있다. 또한 옆으로 누운 8자 모양이나 날갯짓처럼 양쪽 유방이 따로 움직이기도 한다. 길을 걸으면 몸통이 움직이면서 자연스레 유방도 위아래, 앞뒤 또는 양옆으로 움직이게 된다. 걷는 것만으로도 유방의 움직임이 4cm까지 들썩일 수 있다고 한다.

(.)(.)

신체 활동 75

- **운동 중 유방의 움직임과 지탱력의 차이**

아래 그래프는 브라를 입지 않았거나 낮은 지지력의 브라 또는 높은 지지력의 브라를 입고 천천히 가볍게 뛰었을 때 유방 움직임의 차이를 보여 준다.

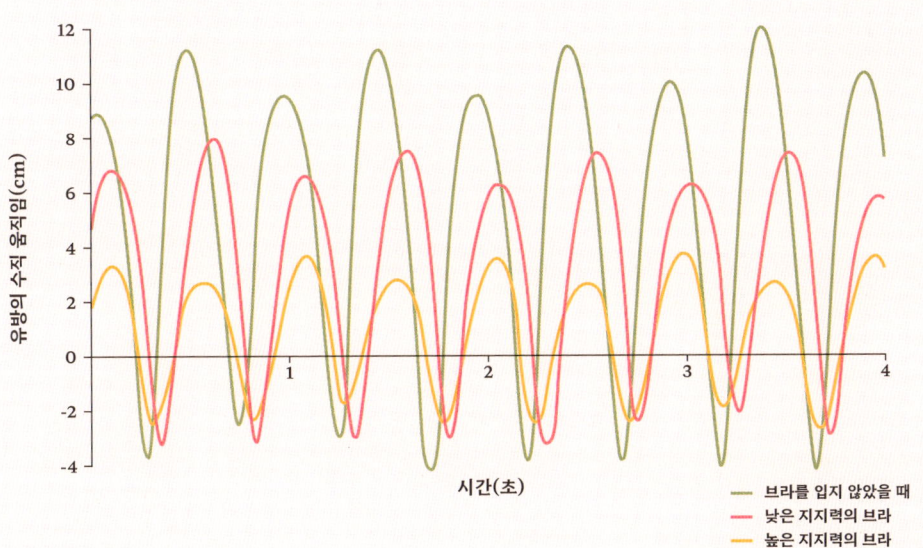

운동할 때 유방에는 어떤 일이 일어날까?

한 연구에서는 달리기와 같은 격렬한 운동을 하는 동안 유방이 12~15cm 정도 움직일 수 있으며, 팔벌려뛰기와 같은 격한 운동을 할 때는 유방의 움직임이 더 커져 범위가 약 20cm까지 늘어난다고 한다. 유방 크기가 커서 무거운 경우에는 이러한 움직임이 더 심하게 나타날 수 있다.

유방은 부드러운 지방 조직과 유선 조직으로 구성되어 있어 이러한 내부 조직만으로는 지지력에 한계가 있다. 유방을 지지하는 것은 쿠퍼인대라고 부르는 결합 조직과 피부다. 운동으로 유방의 움직임이 반복되면 쿠퍼인대가 늘어나 유방이 처진다는 말도 있지만 이를 증명하는 연구 결과는 아직 없다. 그러나 유방의 움직임이 피부에 영향을 끼쳐 이로 인해 지지력이 약해질 수는 있다. 또한 나이가 들고, 특히 폐경이 된 후에는 피부의 탄력이 떨어져 유방이 처질 수 있는데, 운동으로 인해 이러한 변화가 좀 더 빨리 나타날 수도 있다.

운동으로 인한 유방의 변화와 통증은 유방의 형태나 크기와 상관없이 누구에게든 나타날 수 있지만 크고 무거운 유방일 경우 움직임이 더 크게 생기는 것은 사실이다. 어떤 운동인지도 중요한 요인인데, 달리기와 같은 격렬한 운동은 필라테스처럼 충격이 적은 운동보다 유방의 움직임이 더 크다.

(.)(.)

청소년기

유방이 운동에 방해가 된다고 응답한 비율은 청소년이 더 높게 나타났다. 2,000명이 넘는 11~18세 여학생을 조사한 결과 46%가 유방 때문에 신체 활동을 피한다고 응답했다. 13~14세의 경우에는 51%에 달했고, 유방 크기가 큰 경우에는 63%로 더 높았다. 이는 아마도 단순히 유방의 통증 때문이라기보다는 유방 자체와 유방의 흔들림으로 인해 생기는 곤란함 등 다른 요인도 작용하는 것으로 보인다. 운동을 방해하는 가장 흔한 요인으로는 생리가 꼽혔으며, 여학생 3명 중 1명은 사춘기(평균적으로 12세)에 운동을 그만둔다는 통계도 있다. 또한 전체 여성 중 60% 이상은 운동을 전혀 하지 않는다고 답했다.

해당 연구에 참여한 사람 중 87%는 유방 건강에 대해 더 알고 싶다고 답했다. 다른 요인의 영향도 무시할 수 없지만 여성들이 유방에 대한 이해를 높이고 잘 관리한다면 운동 참여율이 높아지고 결국에는 장기적인 건강에도 긍정적인 영향을 끼칠 것이다.

아직 더 많은 연구가 필요하다

운동과 유방 건강에 관해서는 더 많은 연구와 조사가 이루어져야 한다. 운동화 폭에 관한 연구와 비교하면 유방과 스포츠 브라에 관한 연구는 상대적으로 부족하다. 또한 운동선수의 유방 움직임을 분석한 연구들은 대부분 달리기에 집중되어 있다. 하지만 종목별로 신체 움직임이 달라지는 만큼 유방의 움직임도 달라진다. 이러한 특성을 고려해 여러 종목을 아우르는 연구가 필요하다.

더불어 유방 절제술이나 유방 보존술과 같은 유방 수술의 영향력과 유방의 생체역학, 갱년기가 유방에 미치는 영향력 등 더 다양한 분야의 연구도 필요하다. 이는 스포츠 브라의 발전에도 큰 도움이 될 것이다.

· 최고의 기량을 발휘하라 ·

고강도 운동 중 유방이 흔들리면 생체역학적 및 생리학적인 변화를 유발할 수 있다. 예를 들어 운동 중 상체 근육 활동에 변화가 생기면 보폭이 짧아지거나 호흡이 불규칙해질 수 있고, 이 모든 것은 운동 수행 능력에 영향을 끼칠 수 있다. 왜 그런 걸까? 간단하게 말해서 달리기를 하다가 발을 다치면 뛰는 자세를 수정하거나 다리를 절뚝거리게 된다. 마찬가지로 유방이 아프면 이를 해소하기 위해 무의식적으로 움직임을 바꾸려고 할 것이다. 그러므로 최고의 기량을 발휘하고 싶다면 아마추어든 선수든 간에 내 몸에 잘 맞는 스포츠 브라를 반드시 착용해야 한다.

스포츠 브라

유방을 잘 지지한 상태에서 운동을 하면 통증이 줄어들고 훨씬 활동적으로 움직일 수 있다.
그렇다면 어떤 스포츠 브라를 골라야 할까?

스포츠 브라를 꼭 입어야 할까?

한마디로 답하자면 당연히 입는 것이 좋다고 말하겠지만, 어쨌든 이 역시 개인의 선택에 달려 있다. 스포츠 브라를 입으면 나이나 유방 크기와는 상관없이 유방의 움직임이 줄어들어 통증이 완화될 수 있다. 심지어 운동 능력도 좋아진다(76쪽 참조).

나에게 잘 맞는 스포츠 브라란?

스포츠 브라를 고를 때는 지지력과 착용감, 편안함, 브라의 외형, 가격까지 다양한 요소를 고려해야 한다.

스포츠 브라는 신체 활동의 강도에 따라 고강도, 중강도, 저강도로 구분할 수 있다. 고강도 스포츠 브라는 달리기와 같은 충격이 강한 운동을 할 때 적합하고, 저강도 스포츠 브라는 요가나 필라테스와 같은 운동에 적합하다. 하지만 현재 이러한 분류에 명확한 규정이 있는 것은 아니라서 업체마다 타제품과 공정한 비교 없이 자체적으로 고강도, 중강도, 저강도로 분류해 판매하고 있다. 일부 업체에서 내외부적으로 테스트를 진행하는 경우도 있지만 이 역시 강제성이 있는 것은 아니다.

무엇보다 중요한 것은 스포츠 브라가 몸에 잘 맞고(79쪽 참조) 편안한지 확인하는 것이다. 지지력은 좋지만 유방이 답답하고 불편한 브라는 구매해 봤자 잘 손이 안 가기 때문에 낭비가 되기 쉽다. 반대로 착용감은 좋지만 원하는 만큼 유방을 지지하지 못하는 제품도 별 소용이 없다. 이 둘 사이에서 적절한 지점을 찾는 기준은 사람마다 다르고, 같은 사람이라도 어떤 운동을 하느냐에 따라 달라진다. 일반적으로 유방이 큰 사람이라면 운동의 충격이 더 클 테니 더 잘 지지해 주는 제품이 필요할 것이다. 또한 캡슐형 스포츠 브라(78쪽 참조)가 D컵 이상인 큰 유방의 여성에게 수직 움직임을 줄여 주는 데 효과적이라는 연구 결과도 있다. 압박형 스포츠 브라는 작은 유방에 더 적합한 편이다. 혼합형 브라는 유방을 들어 올려서 지지하는 동시에 압박하기 때문에 일반적으로 대다수 사용자에게 적합하다.

· 최초의 스포츠 브라 ·

스포츠 브라는 1977년 리사 린달과 의상 디자이너 폴리 스미스가 처음 만들었다. 처음에는 남성용 속옷인 작스트랩 2개를 이어서 만들었기 때문에 '작브라(Jockbra)'라고 불렸다. 이후에는 린달과 그녀의 여동생이 조깅에서 영감을 받아 '조그브라(jogbra)'로 이름을 바꾸었다.

(.) (.)

캡슐형 브라

캡슐형 브라의 컵은 양쪽 유방을 각각 따로 지탱한다. 유방 지지를 위해 패드가 덧대어져 있고 어깨끈이 넓은 것이 특징이다. 사이즈 체계는 밑 밴드와 컵 사이즈로 나누는 일반 브라와 비슷하다(59쪽 참조).

압박형 브라

유방을 압박함으로써 유방을 지지한다. 일반적으로 사이즈는 스몰, 미디엄, 라지로 구분된다. 이 스타일의 스포츠 브라는 작은 유방에 더 적합하고, 유방이 크면 지지력이 약할 수 있다. 크롭톱 브라라고도 부른다.

혼합형 브라

캡슐형과 압박형의 요소가 혼합되어 있다.

임신과 모유 수유

임신 중 운동을 하고 싶다면 임신으로 변화한 몸에 잘 맞는 브라를 입어야 유방을 제대로 지지할 수 있다. 임산부에게도 스포츠 브라가 필요하지만 답답함을 피하기 위해 더 큰 사이즈나 압박 정도가 낮은 브라를 선택하면 좋다. 모유 수유를 한다면 언제든 쉽게 수유를 할 수 있도록 컵 탈부착이 가능한 스포츠 브라가 유용하다.

임신한 여성과 모유 수유를 하는 여성 또는 최근에 출산한 여성은 일반적으로 스포츠 브라 연구 대상에서 제외된다. 아마도 윤리적인 이유 때문으로 보이는데, 이러한 실험에는 다양한 브라를 입거나 브라를 벗은 채로 러닝머신 위를 뛰는 격렬한 활동이 포함되는 경우가 많기 때문이다. 하지만 여전히 유방 지지력이 부족해 운동을 포기하는 여성이 많은 현실을 고려할 때 이 연구는 반드시 진행되어야 한다.

(.)(.)

더 좋은 연구가 나오기를 기다리는 동안 우리는 계속해서 내 몸에 잘 맞고 지지력이 좋은 브라를 입고 운동을 하자. 운동을 할 때 꽉 조이지도 않고 지지력이 약하지도 않은 스포츠 브라를 입으면 임신이나 유방 발달에 영향을 주지 않는다. 또한 적당한 강도의 운동은 모유 생성을 방해하지도 않는다. 만약 운동 중 모유가 새어 나올까 봐 걱정된다면 유방 패드를 덧대는 방법을 사용하자.

내 스포츠 브라가 잘 맞는지 아는 방법

스포츠 브라를 고를 때도 브라 피팅 전문가(52~53쪽 참조)의 도움을 받을 수 있다. 운동량이 많은 편이라면 전문가의 도움을 받는 것이 특히 중요하다. 만약 전문가의 도움 없이 직접 스포츠 브라를 고른다면 밑 밴드와 컵, 어깨끈, 목 부분, 날개 부분이 잘 맞는지 확인하자. 그리고 탈의실에서 팔벌려뛰기나 스트레칭을 해보자. 새 신발을 살 때도 한번 걸어 보는 것처럼 스포츠 브라도 마찬가지 아니겠는가?

스포츠 브라의 구조

밑 밴드

- 스포츠 브라에서 가장 큰 지지력은 밑 밴드에서 나온다. 즉 유방은 주로 아래에서 받쳐지고, 어깨끈은 위에서 보조하는 역할을 한다.

- 지지력과 착용감 사이에서 균형을 찾을 수 있도록 밑 밴드 길이를 조절할 수 있는 브라를 고르자. 밑 밴드에도 신축성이 있어야 유방을 잘 지지하면서도 너무 강한 압박은 피할 수 있다.

- 후크나 지퍼 등 밑 밴드의 여밈 장치는 개인의 취향에 달려 있지만 피부가 쓸리거나 상처가 나지 않도록 여밈 장치가 천으로 감싸져 있는지 확인하자.

- 앞여밈 브라나 뒤여밈 브라 중에서 자신이 선호하는 종류를 고른다. 예를 들어 앞이 열리는 브라는 어깨 움직임이 불편할 때 입고 벗기가 더 수월하다.

길이 조절이 가능한 어깨끈은 체형에 맞게 조절할 수 있고, 장기간 착용으로 끈이 늘어나는 것을 보완할 수 있다.

와이어가 있는 제품이라면 유방 아랫부분이 잘 맞고 피부를 파고들지 않아야 한다.

둘레 조절이 가능한 후크는 장기간 착용으로 밑 밴드가 늘어나는 것을 보완할 수 있다.

(.)(.)

- 스포츠 브라가 내 몸에 잘 맞는지 확인하려면 전문가의 도움을 받는 것이 가장 좋지만 혼자서 확인하는 방법도 있다. 스포츠 브라를 입고 팔을 머리 위로 들어 올리면 밑 밴드가 편안하면서도 확실하게 고정되어 있는지 알 수 있다. 밑 밴드가 위로 말려 올라가거나 틈이 있으면 안 되고, 피부를 파고들어서도 안 된다.

어깨끈

- 스포츠 브라의 지지력은 대부분 밑 밴드에서 나오지만 어깨끈도 보조하는 역할을 한다.

- 길이 조절이 가능한 어깨끈은 필수다. 그래야 각자 체형에 맞게 조절할 수 있다. 사이즈가 같은 34C라고 해도 사람마다 유방의 높이가 다르기 때문에 어깨와 유방까지의 거리가 다를 수밖에 없다.

- 어깨끈의 종류에는 기본형, 수직형, X자형, Y자형 등이 있다. 만약 어깨끈과 브라가 잘 맞는다면 어깨끈의 방향이 유방 지지력에 있어 유의미한 역할을 하지 않기 때문에 개인의 취향에 따라 골라도 되고, 입고 벗기 쉬운 스타일로 선택해도 된다. X자형이나 Y자형은 어깨끈이 잘 흘러내리지 않는다.

- 어깨끈을 조절할 때는 양쪽을 똑같이 맞추는 것이 아니라 각각 조절해야 한다. 우리의 신체와 유방은 대칭이 아니므로 어깨끈도 그에 맞춰 조절한다.

- 유방이 큰 여성의 경우, 넓은 수직 어깨끈이 어깨를 파고드는 불편함이 적어 가장 편하다고 한다.

- 길이 조절이 불가능한 지지력이 강한 스포츠 브라는 오래 입어 늘어나더라도 어깨끈을 줄일 수 없다. 더 오래 입으려면 길이 조절이 가능한 브라가 좋다.

X자형이나 Y자형 브라는 어깨끈이 흘러내리는 것을 방지한다.

목선이 높은 브라는 지지력이 강하다.

흡습 속건 재질은 착용감이 좋고 땀도 금방 마른다.

컵

- 스포츠 브라의 컵(또는 크롭톱 브라의 앞부분)은 유방을 완전히 감싸야 한다. 발코니 브라와 같은 일반 브라와는 다르다.

- 브라 밖으로 유방이 튀어나오면 컵이 너무 작다는 뜻이다. 반대로 컵이 너무 크면 공간이 남거나 주름이 잡힌다.

- 브라 중심부는 가슴뼈 위에 평평하게 자리 잡아야 한다. 빈틈이 있다면 밑 밴드가 너무 크거나 컵이 너무 작다는 의미다.

- 컵의 구성 요소로는 와이어, 봉제선, 패드, 직물이 있다. 와이어는 유방 조직이 아니라 갈비뼈 위에 평행하게 놓여야 한다. 그래야 살을 파고들지 않으면서 유방 모양을 잘 잡아 준다.

- 패드를 넣으면 지지력이 좋아지고 강한 신체 접촉이 있을 수 있는 운동을 할 때 유방을 보호한다.

목선

- 목선은 미적인 역할도 있지만 스포츠 브라의 기능 면에서도 도움이 된다. 유방 조직은 갈비뼈까지 이어지기 때문이다(26쪽 참조). 일반적으로 목선이 높을수록 브라의 지지력도 좋아진다.

- 목선이 높은 브라는 유방의 상하 운동을 줄이는 데 도움이 된다. 목선이 1cm 올라갈 때마다 유방의 움직임과 반동이 0.75%씩 줄어든다.

옆 날개

- 옆 날개는 겨드랑이 아래에 닿는 부분이다. 유방 조직은 겨드랑이까지 연결되어 있기 때문에 옆 날개가 유방 전체를 안정적으로 감쌀 수 있을 만큼 넓어야 한다.

- 너무 조이거나 파고들지 않으면서 몸을 포근히 감싸야 한다. 날개가 너무 높으면 피부가 쓸릴 수 있으므로 주의한다.

Q: 스포츠 브라는 얼마나 자주 바꿔야 할까?

A: 6~12개월마다 교체하는 것이 좋고, 처음보다 지지력이 약해졌다면 더 빨리 교체하도록 한다. 체중이 줄거나 늘었을 때도 새로운 브라를 구매해야 한다. 스포츠 브라의 세탁 빈도는 신축성과 지지력에 영향을 준다. 세탁 25회 만에 지지력이 줄었다는 실험 결과도 있다. 브라를 착용하고 운동한 경우라면 지지력은 훨씬 빨리 저하될 것이다.

유방 바인딩

유방 바인딩은 유방의 크기와 모양을
평평하고 납작하게 만들 때 사용되는 방법이다.

유방 바인딩 또는 유방 압박은 압박 도구를 이용해 유방을 납작하게 만드는 것이다. 트랜스젠더나 논바이너리 사람들에게 유방은 성별 불쾌감(생물학적 성과 성 정체성이 일치하지 않을 때 경험하는 괴로운 감정)의 주요 원인이다.

성별 불쾌감을 느끼는 이들은 유방 바인딩을 통해 자존감을 높이고 불안감을 줄이는 등 심리적인 측면에서 많은 도움을 받는다. 한 연구에서는 피험자의 70%가 유방 바인딩을 시작한 후 긍정적인 감정을 느꼈다고 응답했다. 유방 바인딩을 하기 전에는 단 7%에 불과했다.

하지만 유방을 압박하는 행위는 건강을 해칠 염려가 있다. 한 연구에서는 대략 90%의 사람들이 유방 바인딩 때문에 적어도 한 가지 이상의 부작용을 경험했다는 결과가 나왔다. 부작용으로는 피부 자극과 예민함, 상처, 감염, 멍, 흉터, 가려움뿐만 아니라 등의 통증, 갈비뼈 손상, 호흡 곤란, 심지어 더운 날씨에는 체온 상승의 문제도 있었다. 유방 압박을 오래 할수록 부작용의 위험도 커진다. 만약 척추측만증 같은 근본적인 건강 문제나 천식 등의 호흡기 질환이 있다면 유방 바인딩을 하기 전에 의사와 상의하도록 하자.

유방 바인더의 종류

유방 바인더는 온라인이나 오프라인 매장에서 어렵지 않게 구매할 수 있다. 종류는 다양하지만 효과와 부작용은 대체로 비슷하다.

유방 바인더

유방 부위가 납작하게 보일 수 있게 제작된 의복으로 다양한 스타일과 사이즈가 있다. 유방만 가리는 짧은 길이의 바인더와 유방과 몸통까지 가리는 긴 길이의 바인더가 있다.

스포츠 브라

유방 바인더만큼 강하게 압박하지는 못하지만 압박형 스포츠 브라(78쪽 참조) 역시 바인더 대용으로 사용할 수 있다.

근육 테이프

키네틱 테이프나 키네시올로지 테이프는 주로 물리치료에 사용되는 의료용 테이프로 유방 압박에도 사용할 수 있다.

(.)(.)

유방 바인딩

주의할 점

- 바인더는 숨쉬기 어려울 정도로 너무 조이지 않아야 한다는 걸 꼭 명심하라. 깊은 호흡이 가능할 정도로 약간의 여유가 있어야 한다.

- 8시간 이상 연속으로 착용해선 안 된다.

- 한 번에 2개 이상의 바인더나 테이프를 착용하지 않는다.

- 키네시올로지나 키네틱 테이프가 아닌 다른 종류의 테이프는 사용하지 않는다. 스카치테이프처럼 끈적거리는 테이프나 덕트 테이프, 전기 테이프는 피부를 자극하고 유방의 움직임이나 호흡을 제한할 수 있다.

- 운동이나 신체 활동 중에는 움직임이 편하고 깊은 호흡을 할 수 있도록 바인더 사용을 피한다.

- 수면 시에는 착용하지 않는다.

- 만약 탑 수술(성 정체성에 맞게 유방을 제거하는 수술-옮긴이)을 준비 중이라면 바인더를 착용하지 않거나 바인더를 착용하는 시간을 줄이는 것이 좋다. 바인더를 장기적으로 사용하면 피부에 자극이 될 수 있기 때문이다.

- 만약 바인더 착용 중 몸이 불편하고 통증이 있거나 숨쉬기가 힘들다면 당장 벗어야 한다. 바인더를 벗은 후에도 증상이 완화되지 않는다면 의사의 진찰을 받는다.

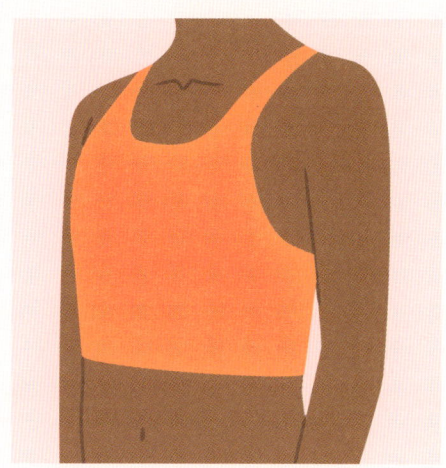

하프 바인더

풀 바인더

(.)(.)

유두 피어싱

혹시 유두 피어싱을 고려하는 중인가?
유두 피어싱의 안전성과 부작용에 대해 알아보자.

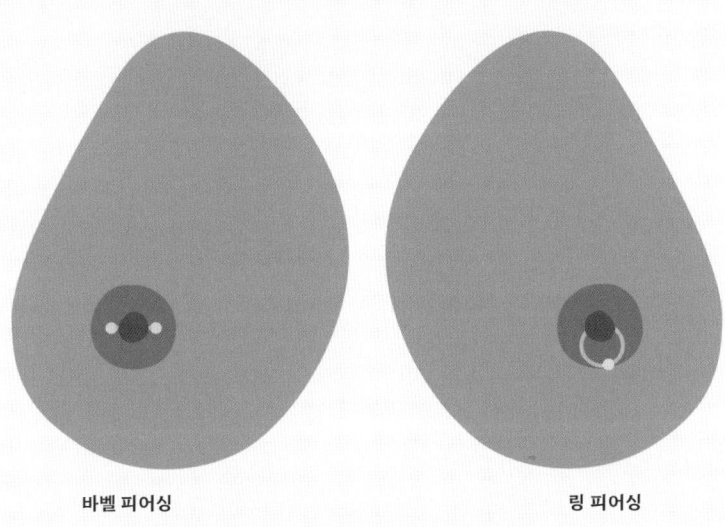

바벨 피어싱   **링 피어싱**

피어싱은 고대 로마 시대부터 카란카와족과 같은 아메리카 원주민에 이르기까지 수천 년 전부터 존재해 온 문화다. 빅토리아 시대에 목선이 깊게 파인 드레스가 인기를 끌자 이와 함께 유두 피어싱이 유행하기도 했다.

유두 피어싱을 하는 이유는 다양하다. 단순히 피어싱한 모습이나 느낌이 좋아서일 수도 있고, 함몰 유두의 치료 목적으로 사용되기도 한다(38쪽 참조). 어떤 사람은 피어싱을 한 후 유두가 더 민감해져 성적 만족도가 높아졌다고 하는 반면, 오히려 피어싱 후 더 둔해졌다는 사람도 있다. 유두에는 신경종말이 모여 있어 피어싱을 뚫을 때 다른 부위보다 더 아플 수 있다. 통증은 보통 며칠 후면 사라진다. 외관상으로는 상처가 다 나은 것처럼 보여도 실제로 완전히 회복하기까지는 9~12개월 정도 걸리기 때문에 이 기간에는 꾸준히 관리해야 한다. 또한 피어싱을 너무 빨리 교체하면 그 과정에서 피어싱 내부 회복 부위에 새로운 손상이 생기기 쉽다.

의사들은 12개월 이내에 임신이나 모유 수유를 계획하고 있다면 새로운 피어싱을 하지 않는 것을 추천한다. 유두 피어싱을 한 상태에서 모유 수유하는 방법이 궁금하다면 102쪽을 참조하라.

(.)(.)

주의할 점

1. **시술자는 신중하게 선택한다.** 반드시 살균된 장비를 사용하는 시술자에게 시술받아야 한다. 체내에서 피어싱 거부반응이 나타날 수 있지만(오른쪽 참조), 티타늄이나 금 소재는 거부반응이 적은 편이다. 피어싱 전문가들은 구멍을 뚫은 후 유두가 붓는 것을 고려해 주로 바벨 피어싱을 권장한다.

2. **빠른 회복을 위해 깨끗하게 관리하고 자극으로부터 보호한다.** 피어싱 부위는 하루에 두 번씩 식염수로 깨끗하게 닦는다. 피어싱이 옷에 걸리면 상처가 생길 수 있으므로 몸에 잘 맞는 브라나 티셔츠를 입는다. 회복하는 동안에는 유두를 만지거나 자극을 주는 행위를 금한다. 흡연도 회복 속도를 더디게 한다. 진통제를 복용하고 냉찜질을 하면 통증 완화에 도움이 된다. 살짝 부어오르는 것은 자연스러운 현상이지만 부기가 심하거나 오래 지속된다면 전문가의 조언을 구한다.

3. **분비물이나 염증을 확인한다.** 피어싱 후 며칠 동안은 투명하거나 흰색, 크림색의 분비물이 나올 수 있으며 가끔 피가 섞여 있을 수도 있다. 만약 초록빛이 돌거나 고약한 냄새가 나고 출혈이 심하거나 오래 지속된다면 의사의 진찰을 받는다. 흘러나온 분비물 때문에 딱지가 생기면 피부가 가려울 수 있다. 그럴 때는 딱지를 뜯지 말고 식염수에 적셔 딱지를 부드럽게 만든 다음 닦아내는 것이 좋다. 유두에 염증이 생겼다면 피어싱은 그대로 두고 항생제만 처방받게 된다. 피어싱 구멍이 또 다른 분비물의 배출구 역할을 해 고름이 생기는 것을 방지할 수 있기 때문이다.

돌기와 흉터

피어싱 후 돌기와 흉터를 완전히 예방하기는 어렵다. 하지만 염증을 예방하고 염증이 생겼을 때 신속하게 치료한다면 도움이 될 수 있다. 또한 품질이 안 좋은 장신구처럼 자극이 될 수 있는 제품은 피하는 것이 좋다.

피어싱한 부위 주변에 작은 돌기가 생길 수 있는데 이는 과다 육아 조직, 즉 조직이 과도하게 증식했기 때문일 수 있다. 또는 바벨 피어싱이 충분히 길지 않아서 피부를 자극해 돌기가 생길 수도 있다. 흉터 조직이 과도하게 형성되는 비후성 흉터나 피어싱 부위 주변까지 흉터가 퍼지는 켈로이드 흉터가 생기기도 한다.

피어싱 거부반응

체내에서 피어싱을 거부하고 밀어내는 현상을 말한다. 보통 거부반응은 귀나 유두 피어싱처럼 완전히 통과하는 피어싱보다는 표면 피어싱에서 더 흔하게 나타나는 편이지만 그래도 가능성이 아예 없는 것은 아니다. 거부반응이 생기면 피어싱이 원래 위치보다 더 많이 튀어나오고, 피어싱 부위가 붉어지거나 쓰라리고 따끔거리며, 구멍이 더 커지고, 피어싱이 전보다 더 많이 움직이는 증상이 생긴다. 이런 증상이 나타나면 피어싱을 제거해야 할 수도 있으므로 전문가를 찾아가 조언을 구한다.

Chapter 5

임신과 모유 수유

임신 중에 생기는 변화

임신 기간 내내 심지어 출산 후 3개월까지도 오르락내리락하는 호르몬 때문에 유방은 다양한 변화를 겪는다. 임신 기간에 어떠한 변화가 생기는지 알아보자.

정자와 난자가 수정된 후 1주만 지나도 호르몬이 요동치기 때문에 임신한 사실을 알아차리기도 전에 유방의 변화가 시작된다. 임신 기간 내내 그리고 출산 후 3개월까지도(모유 수유의 여부와는 상관없이) 호르몬의 변덕은 계속된다. 임신 중에는 태아에게 산소와 영양분을 공급하기 위해 혈액량이 약 50%까지 늘어나며, 이러한 현상은 유방을 포함한 신체 전반에 영향을 준다.

유방에서 가장 흔하게 나타나는 변화로는 예민해지거나 통증이 생기고, 크기가 커지거나 튼살이 생기는 경우가 있다. 사람마다 증상이 다르고 특정 증상이 유독 크게 느껴질 수도 있다. 심지어 같은 사람이라도 임신마다 증상이 달라지기도 한다.

증상을 느끼든 느끼지 못하든 유방의 변화가 생겼다고 해서 임신이나 모유 수유에 문제가 생겼다는 의미는 아니므로 안심해도 된다.

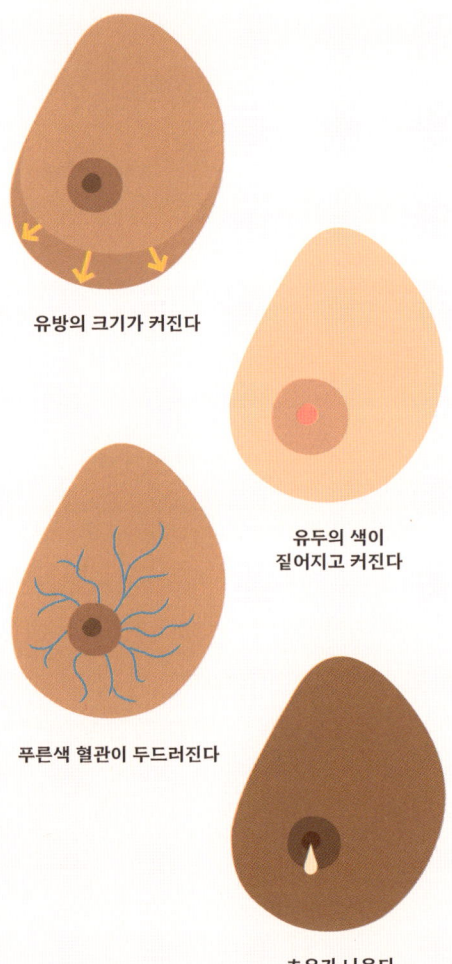

유방의 크기가 커진다

유두의 색이 짙어지고 커진다

푸른색 혈관이 두드러진다

초유가 나온다

(.)(.)

임신 초기(0~13주)

- 임신을 하면 에스트로겐과 프로게스테론의 수치가 상승하고, 유방으로 가는 혈류량이 증가하면서 유관과 소엽(26쪽 참조)이 발달하기 시작한다.

- 이 시기부터 유방의 변화를 인지하는 사람도 있지만 임신 후기가 될 때까지 큰 변화를 느끼지 못하기도 한다. 어느 쪽이든 정상적인 발달이다.

- 유방 통증은 임신 초기 증상 중 하나다. 생리 예정일 전이나 임신 테스트기를 해보기 전부터 유방이 예민해진 것을 눈치챌 수도 있다.

- 유방이 민감해지기도 하고 아프거나 무겁게 느껴질 수 있다. 콕콕 쑤시는 느낌이 드는 이유는 혈류량이 증가하고 발달이 진행 중이기 때문이다.

- 엎드려 누웠을 때 유방이 불편하고 아픈 사람도 있고, 전혀 통증이 없는 사람도 있다.

- 불편하고 아픈 증상이 겨드랑이까지 확장될 수 있는데, 이는 유방 조직이 겨드랑이(유방꼬리, 26쪽 참조)까지 연결되어 있기 때문이다.

- 특히 유두는 평소보다 더 예민하게 느껴지고 건드리는 것만으로도 통증을 느낄 수 있다.

- 유방의 통증과 불편함은 몸이 점차 적응하면서 대개 몇 주 후면 완화되지만 증상이 재발하기도 한다.

- 유방의 크기는 임신 초기부터 커지기 시작해 임신 기간 내내 지속된다(모유 수유를 하면 더 오래 유지될 수 있다). 따라서 브라의 밑 밴드 길이와 컵 크기까지 모두 달라질 수 있다. 특히 첫 임신으로 이런 변화를 처음 겪는 경우라면 차이가 더 크게 느껴질 수 있다.

- 유방이 빠른 속도로 커지다 보면 피부가 늘어나면서 튼살이 생기기도 한다. 이때 피부가 가렵거나 불편한 느낌이 들 수 있는데, 보습제를 자주 발라 주면 가려움증 완화에 도움이 된다.

- 밝은 피부에 튼살이 생기면 처음에는 분홍색이나 붉은색, 보라색이었다가 시간이 흐르면서 점점 색이 밝아지거나 옅은 회색으로 변한다. 어두운 피부의 경우 튼살은 주변 피부보다 어둡거나 밝게 보일 수 있다.

- 신체의 혈류량이 증가하고 혈관이 팽창한다. 이로 인해 피부에서 푸른색 혈관이 더 두드러질 수 있으며, 종종 유방 피부에서도 이런 현상이 관찰된다.

임신 중기(14~27주)

- 유방의 크기가 계속 커지는 동안 유륜도 커지면서 색이 어두워진다. 보통 유륜의 색은 출산과 모유 수유가 끝난 후에 임신 전으로 돌아가곤 하지만 임신 전보다 약간 어두운 색으로 남기도 한다.

- 몽고메리 결절(유륜에 생기는 작은 돌기, 32~33쪽 참조)은 임신 중에 더 두드러질 수 있다. 이 분비선에서는 모유 수유에 대비해 피부와 유두를 보호하기 위한 항균성 윤활 물질을 분비한다. 아기는 몽고메리 결절에서 생성된 이 분비물의 냄새를 맡고 엄마의 유두를 찾아 모유를 먹을 수 있다.

- 이 시기에 초유가 나오는 경우도 있지만(유방이 만들어 내는 첫 모유, 96쪽 참조), 보통 임신 말기에 나오는 것이 일반적이다.

임신 말기(28주~출산)

- 유방의 크기는 계속해서 커지고 점점 더 무거워진다. 유두와 유륜도 더 커지고 색이 어두워진다.

- 유방에서 모유를 생성할 수 있도록 에스트로겐은 유관의 발달을, 프로게스테론은 소엽과 유선의 발달을 자극한다(95쪽 참조). 에스트로겐은 또한 프로락틴이라는 호르몬 분비도 촉진하는데, 프로락틴은 유방의 성장과 모유의 분비를 더욱 활성화하는 호르몬이다.

- 말기가 되면 초유(96쪽 참조)가 생성되며 가끔 유두에서 새어 나오기도 한다. 초유는 끈적하고 노르스름한 색으로 영양분과 항체가 많아 아기의 면역 체계 발달에 중요한 역할을 한다. 보통 유두나 유방에 자극이 있을 때 초유나 분비물이 새어 나오지만 외부 자극 없이 저절로 나오는 경우도 있다.

- 튼살이 더 많이 생기거나 더 선명해질 수 있다. 만약 유방이 건조하거나 가렵다면 순한 보습제를 덧발라 주면 도움이 된다.

· 유방의 멍울 ·

임신 중에는 유방에서 멍울이 많이 느껴질 수 있다. 멍울이나 혹이 만져지면 의사와 상담하는 것이 좋다. 임신 중에 나타나는 양성 유방 종괴로는 섬유선종 (단단한 유방 종괴, 139쪽 참조), 유관의 막힘(108쪽 참조), 모유가 꽉 차면서 생기는 젖낭종(111쪽 참조) 등이 있다.

출산 후

- 출산 후에는 에스트로겐과 프로게스테론의 수치가 비교적 빠르게 감소하는 반면, 프로락틴 호르몬 수치는 지속적으로 상승한다. 모유 수유를 하지 않는 사람도 이 시기에는 유방의 변화를 겪는다.

- 유방은 초유를 생성하고, 출산 후 5일~2주 사이에 초유는 모유로 변한다. 모유를 생성하기 때문에 유방의 크기는 계속 커지거나 임신 중에 성장한 크기를 그대로 유지한다.

- 모유 수유를 하지 않으면 유방은 임신 전 크기로 돌아가는 편이지만, 이 또한 체중이 얼마나 증가했느냐에 따라 다르다. 유두와 유륜의 크기와 색도 임신 전 상태로 돌아가지만(아닐 수도 있다) 보통 몇 달은 기다려야 한다.

- 모유 수유를 하는 경우 수유를 중단하면 유방이 원래의 크기와 모양으로 돌아가지만, 임신 전보다 더 큰 상태로 유지될 수도 있다. 어느 쪽이든 정상이다.

- 임신과 모유 수유를 한 후 유방이 처졌다고 느끼는 사람도 있다. 그런 경우는 대개 임신 전 유방의 크기가 컸거나 과체중 또는 비만이었거나, 임신 중 체중 변화가 크게 일어났을 가능성이 있다. 또는 임신을 여러 번 한 사람이나 흡연자에게도 이런 변화가 잘 나타난다. 피부의 탄력성에 도움이 되도록 보습제를 자주 바른다.

· **임신 후 나타나는
유방의 증상 완화하기** ·

몸에 잘 맞는 지지력 좋은 브라를 입으면
유방의 불편함을 줄여 준다(92쪽 참조).

초유가 새어 나오는 경우 일회용 패드나
교체할 수 있는 패드를 사용하면 편리하다.

유방 피부가 건조하고 가렵다면
유화제 연고와 같은 보습제를 발라
피부를 진정시킨다.

산모용 브라와 수유용 브라

임신과 모유 수유 과정을 거치는 동안 유방의 크기와 모양이 변할 수 있으므로 몸이 편안한 브라에 투자하는 것은 충분히 가치 있는 일이다.

임신과 출산 후에는 유방이 변하면서 기존의 브라가 맞지 않을 수 있다. 그렇다면 어떤 브라가 필요할까?

산모용 브라

임산부용으로 판매하는 브라도 있지만 다른 종류를 구매해도 괜찮다. 중요한 것은 정확한 사이즈와 편안한 착용감이다(3장 참조). 어떤 사람들은 산모용 브라보다 지지력이 더 좋은 스포츠 브라를 선호하기도 한다. 수면 시에 부드러운 브라를 입는 것도 유방을 편안하게 지지할 수 있다.

임신 중에 입는 브라는 지지력도 좋아야 하지만 계속해서 변하는 유방에 맞게 어깨끈과 밑 밴드 길이를 조절할 수 있는 제품이어야 한다. 특히 어깨끈이 넓으면 착용감이 더 편안하다(55쪽 참조). 유방이나 유두가 예민한 편이라면 봉제선이 없는 제품을 골라야 피부 마찰이나 쓸림을 피할 수 있다. 임신 중에는 유관을 막지 않도록 와이어가 있는 제품은 피해야 한다는 의견이 많지만 몸에 잘 맞고 와이어가 유방을 파고들지 않는다면 괜찮다(55쪽 참조). 임신 중에는 평소보다 체온이 높거나 땀을 많이 흘릴 수 있으므로 실크나 면과 같은 천연 섬유의 브라를 입는 것도 좋은 선택이다. 산모용 브라 중에는 앞쪽에 여밈 후크가 있어 출산 후 수유 브라로도 활용할 수 있는 제품이 있다. 이 제품은 임신 말기쯤 가장 유용하다.

수유용 브라

출산 후에도 유방의 크기와 모양은 계속해서 변할 수 있으므로 수유용 브라를 구매할 계획이라면 임신 막바지에 구매하기를 추천한다. 물론 이후에 유방이 또 변해 브라를 다시 바꿔야 할 수도 있다.

수유용 브라는 유방을 쉽게 드러낼 수 있도록 컵을 열 수 있으면서도 어느 정도의 지지력도 갖추고 있다. 보통 다른 손으로는 아기를 안고 있을 때가 많으므로 한 손만으로 컵을 쉽게 열 수 있는지 확인하는 것이 좋다. 어깨끈이 넓으면 유방을 더 안정적으로 받쳐 줄 수 있다. 브라는 몸에 잘 맞는 것이 중요하기 때문에 신축성이 좋고 약간 넉넉한 제품이 유방의 변화를 수용할 수 있어서 좋다.

모유 수유를 하는 동안에도 유방의 크기는 꽤 빠르게 변하므로 매번 몸에 꼭 맞는 브라를 입기 어려울 수 있다. 이러한 변화에 대비하기 위해 대부분의 수유 브라는 와이어가 없는데, 이는 유방이 커질 때 와이어가 파고드는 것을 방지하기 위함이다. 하지만 와이어가 유관을 손상시키거나 막는다는 명확한 근거는 없다. 그러므로 브라와 와이어가 몸에 잘 맞기만 한다면 자신에게 가장 편한 브라를 입자.

밤에 브라를 입고 자면 유방을 지탱하는 데 도움이 될 수 있다. 밤에도 모유가 새어 나온다면 유방 패드를 함께 사용하는 것도 좋다.

모유 또는 분유, 아니면 둘 다?

모유 수유를 할지 말지는 개인의 선택이고,
그 선택을 하게 된 이유 또한 사람마다 다르다.

세계보건기구 WHO는 아기가 태어난 후 첫 6개월 동안은 오직 모유 수유만 할 것을 권장하지만 누군가에게는 모유 수유가 너무 힘들거나 적합하지 않을 수 있다.

잘 먹는 것이 가장 중요하다

개인적으로 "모유가 가장 좋다"라는 말은 시대에 뒤처진 말일 뿐이라고 생각한다. 모유 수유가 매우 힘든 일임에도 불구하고 여성은 아이에게 처음부터 끝까지 온전히 모유 수유를 해야 한다는 사회의 무거운 기대와 압박을 받는다. 물론 장점은 분명하다. 하지만 모유 수유가 항상 수월하거나 실용적이지 않다는 것을 인정하는 시선도 필요하다. 여성에게 주어지는 모유 수유에 대한 부담은 사라져야 하며, 그들이 어떤 선택을 하든 응원해야 한다. 스트레스를 받고 불안감을 느끼는 엄마, 심지어 건강하지 않은 엄마(어느 정도는 모유 수유의 스트레스 때문이기도 하다)는 아기에게도 부정적인 영향을 끼칠 수 있다.

아이의 건강과 올바른 발달을 위해서는 건강한 부모가 반드시 필요하다. 다행히 지금 우리가 살고 있는 시대에서는 깨끗한 물과 안전하게 제조된 아기 분유를 쉽게 구할 수 있다. "모유가 가장 좋다"라는 말보다는 모유를 선택하든 분유를 선택하든 "잘 먹는 것이 가장 좋다"라는 말이 훨씬 도움이 될 것이다.

모유의 장점

모유 수유는 아기와 엄마의 건강을 지키는 데 유익한 점이 많다.

아기를 위한 장점

연구에 따르면 모유를 먹고 자란 아기는 면역 체계가 더 건강하고, 모유를 통해 엄마로부터 항체를 빌려 오는 수동 면역의 이점이 있다고 한다. 수동 면역은 엄마가 가지고 있던 감염으로부터 아기의 몸을 보호하는 데 도움이 되기 때문에 기침이나 감기, 귓병과 같은 질환이 적게 발생하는 편이다. 또한 모유를 먹은 아기는 소화기 질환이나 뇌수막염, 유아 돌연사 증후군이 발생할 확률도 낮다.

어린이를 위한 장점

모유 수유의 장점은 아기가 성장하는 동안에도 계속 유지된다. 모유를 먹고 자란 어린이는 알레르기나 천식, 습진, 당뇨, 크론병과 같은 소화기 질환의 발생률이 낮다. 또한 호흡기 감염이나 충치도 적은 편이다.

엄마를 위한 장점

모유 수유를 하면 출산 후 출혈이 적고(따라서 빈혈과 같은 합병증의 위험도 낮다), 유방암과 난소암, 심혈관 질환 등의 발병률도 낮다. 또한 심리적으로도 도움이 될 수 있다. 모유 수유할 때 분비되는 호르몬은 마음을 차분하고 편안하게 만들어 주며 아기와의 유대감도 높인다.

누군가는 모유의 사출반사(유방에서 모유가 분비되는 작용, 97쪽 참조)가 일어날 때 불쾌한 감정을 느끼기도 한다. 반면 분유를 계량하거나 젖병을 챙기고 소독할 필요가 없다는 것을 장점으로 생각하는 사람도 있다. 중요한 것은 모유 수유가 자연스러운 과정임에도 불구하고 누구에게나 쉬운 일은 아니라는 사실이다. 엄마와 아기 모두 모유 수유를 체득하는 과정이 필요하며, 누군가에게는 수유와 유축의 과정이 큰 스트레스로 다가오거나 산후 우울증과 같은 정신 건강의 문제를 악화시킬 수도 있다.

· **모유 수유와 가슴 수유** ·

모유 수유(breastfeeding)와 가슴 수유(chestfeeding)는 모두 아기에게 사람의 젖을 먹이는 행위를 의미하는 표현이다. 모유 수유는 주로 시스젠더 여성이 사용하고, 가슴 수유(일부에서는 비스팅이라고도 부른다)는 트랜스젠더나 논바이너리인 부모가 선호하는 표현이다.

(.)(.)

모유 수유의 기초

우리 몸이 모유를 만들어 내는 과정과 아기에게 수유하는 방법에 대해 알아보고,
모유 수유와 관련된 궁금증들을 함께 살펴보자.

먼저 모유가 어떻게 만들어지는지, 그 과정에서 모유가 어떻게 변하는지 알아보자. 모유는 출산 전부터 만들어지기 시작하는데, 이를 젖 생성이라고 부른다.

에스트로겐과 프로게스테론은 유선(소엽)과 유관(27쪽 참조)의 발달을 돕는다. 임신 중에는 프로락틴 수치가 상승하면서 모유 생성을 촉진한다. 프로게스테론 수치가 매우 높으면 아기가 태어나기 전 초유가 만들어질 수도 있지만(96쪽 참조), 보통은 아주 적은 양에 불과하다. 분만 후 태반이 떨어져 나오면 프로게스테론 수치가 급격히 하락한다. 그동안 프로게스테론에 의해 '억제되어 있던' 높은 수치의 프로락틴이 활성화되며 출산 후 약 30~40시간 이내에 모유가 분비된다. 모유가 실제로 '나온다'라고 느끼기까지, 그리고 유방이 꽉 찬 것 같은 느낌이 들기까지는 2~3일 정도 더 오래 걸릴 수 있다. 지금까지는 모유 생성이 오로지 호르몬에 의해 이루어졌지만 이제부터는 조금 다르다. 호르몬의 도움은 계속되지만 모유가 얼마나 많이 사용되느냐에 따라서 모유의 공급량이 달라진다. 아기에게 모유를 먹이는 한 당신의 몸은 계속해서 모유를 만들어 낼 것이다.

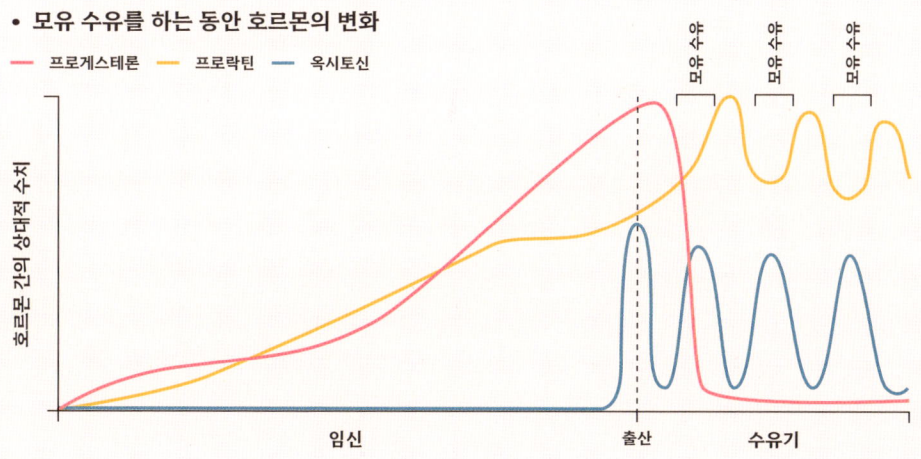

모유의 생성

모유는 초유에서부터 이행유, 성숙유까지 아기의 발달 단계에 따라 변한다.

1. 초유

- 임신 중반기부터 생성된다. 이보다 빠른 시기에 생기기도 하고 몇 주 늦게 생기거나 출산한 후에 생기는 경우도 있다.

- 영양분이 많고 노르스름한 색 때문에 '황금 초유'라고도 부른다. 단백질과 비타민, 미네랄이 많은 초유는 베타카로틴 함량이 높은 덕분에 끈적한 질감에 황금빛 또는 크림색을 띤다.

- 출산 후 처음 며칠 동안 소량 생산되며(이 시기 아기의 장은 호두알만큼 작다) 보통 2~7일 정도 나온다. 아기가 주기적으로 젖을 빨면 모유 생성이 촉진된다.

- 항체인 면역 글로불린이 많다. 아기는 초유를 통해 엄마로부터 수동 면역을 받는데(93쪽 참조) 이렇게 전달된 엄마의 항체가 다양한 박테리아와 바이러스성 질환으로부터 아기를 보호한다. 예를 들어 산모에게 백일해 백신 접종을 권장하는 이유는 엄마 자신을 보호하기 위함이 아니라 아기에게 전달할 항체를 가지기 위해서다.

2. 이행유

- 출산 후 2~5일 후부터 생성되고 약 2주 정도 유지된다.

- 초유보다 열량이 높아 아기에게 필요한 에너지를 충분히 공급해 준다. 또한 지방과 수용성 비타민 함량이 높다.

3. 성숙유

- 모유 수유를 계속하기로 했다면 출산 후 약 2주 후부터 성숙유가 생성된다.

- 성숙유의 약 90%는 물이기 때문에 아기가 충분한 수분을 섭취할 수 있다. 수분을 제외한 나머지는 탄수화물, 단백질, 지방으로 구성된다.

- 흰색 또는 약간 푸른빛이 도는 흰색이거나 옅은 노란색, 크림색을 띤다.

- 전前유는 수유 초반에 나오는 모유로 수분과 단백질, 비타민이 많다.

- 후後유는 전유 이후, 수유 후반에 나오는 모유로 지방 함량이 높다.

모유 수유를 하는 동안

유방은 아기가 젖을 빠는 자극에 의해 모유를 생성하는데, 여기에는 수요와 공급의 원리(아래 박스 참조)가 적용된다. 아기가 젖을 빠는 행위가 유두와 유륜의 신경을 자극하면 뇌에서 옥시토신을 분비한다. 옥시토신은 모유의 사출(젖 분출)반사를 유발하고 유선조직 주위의 근육을 수축시킨다. 근육 수축의 힘으로 소엽에서 만들어진 모유가 유관까지 이동한 뒤 유두의 여러 개구부를 통해 모유가 나오게 된다.

사출반사가 일어날 때 따끔거림이나 얼얼함, 심지어 통증을 느끼기도 하고 모유가 분비될 때 유방 안쪽에서 갑자기 열감이 느껴질 수도 있다. 모유가 다른 쪽 유방에서 새어 나올 수도 있는데, 사출반사가 양쪽 유방에 동시에 일어나기 때문에 그렇다. 사람에 따라서 사출반사를 느끼지 못하는 사람도 있다. 하지만 아기가 젖을 빠는 방식이 달라지는 것은 느낄 수 있을 것이다. 처음에는 사출반사를 유도하기 위해 빠르게 젖을 빨다가, 모유가 나오기 시작하면 점차 속도가 바뀌어 더 깊고 느린 속도로 젖을 빤다.

아기를 안고 수유를 하면 옥시토신이 분비되어 기분이 좋아지고 긴장이 풀리며 스트레스가 해소된다. 또한 아기와 유대감을 쌓는 데도 도움이 된다. 물론 분유 수유를 해도 가까운 접촉과 눈맞춤을 통해 아기와 유대감을 형성할 수 있다.

출산 후 처음 며칠 동안은 골반이 조이거나 수축하는 느낌이 들 수도 있다. 이는 모유 수유 중에 분비되는 호르몬이 자궁의 수축을 유도해 임신 전의 크기로 회복하도록 돕기 때문이다.

또한 모유를 만들어 내기 위해 더 많은 수분이 필요하기 때문에 평소보다 자주 목이 마를 수 있다.

· **수요와 공급** ·

유방은 수요와 공급의 원리, 정확하게는 필요한 만큼 공급되는 원리에 따라 작용한다. 아기에게 젖을 더 많이 먹일수록 (또는 유축을 더 많이 할수록) 더 많은 양의 모유를 생성하게 된다. 반대로 모유를 먹는 양이 줄어들수록 모유도 더 적게 생성된다. 이러한 원리 덕분에 개인의 필요와 선택에 따라 여러 명의 아기에게 젖을 먹이는 것도 가능하다.

많이 하는 질문들

모유

유방의 크기와 모유의 양이 관련 있을까?

모유가 만들어지는 것은 유방 크기와 관련이 없다. 사람마다 모유를 저장하는 양이 다른데, 이 또한 유방 크기와는 상관이 없다. 만약 저장 공간이 커서 많은 양의 모유를 수용할 수 있다면 한 번에 많은 양을 먹이기 때문에 수유 간격이 더 길어질 것이다. 저장 공간이 작다면 더 자주 수유를 해야 한다. 이렇듯 사람마다 모유의 저장 공간은 다를 수 있지만, 저장 공간과 모유의 양은 다른 개념이다. 저장 공간의 크기와는 상관없이 모유 전체의 양은 똑같을 수 있다. 다만 수유의 간격이 달라질 뿐이다.

•

모유는 어떤 성분으로 이루어졌을까?

모유에는 단백질, 지방, 탄수화물, 비타민, 미네랄 등이 들어 있다. 모유의 성분은 사람마다 달라질 수 있고, 같은 사람이라도 시기별로 아기에게 필요한 영양분에 맞춰 달라진다. 예를 들어 밤에 분비되는 모유에는 트립토판 함량이 높다. 트립토판은 세로토닌과 멜라토닌 호르몬으로 전환되는 아미노산으로 아기가 휴식을 취하고 잠에 들 수 있도록 도와준다.

•

엄마가 먹는 음식에 따라 모유의 맛이 변할까?

그렇다! 원래 모유는 유당과 지방이 함유되어 있어 달고 크림처럼 진하다. 그렇지만 엄마가 먹는 음식이 모유의 맛을 바꿀 수 있고, 심지어 성장 과정에서 아기의 미각과 입맛에도 영향을 준다. 약물이나 담배, 알코올뿐만 아니라 유방염과 같은 염증도 모유의 맛에 영향을 끼친다(유방염이 있어도 모유 수유를 할 수 있다, 110쪽 참조). 또한 유축한 모유를 얼리고 해동하는 과정에서 맛이 약간 달라질 수도 있다.

한 번 수유를 할 때마다 유방에 찬 모유가 완전히 비워질까?

그렇지 않다. 모유는 계속해서 만들어지기 때문에 유방이 '가득 찰 때까지' 기다릴 필요가 없다. 모유는 많이 소진될수록 더 많이 만들어진다. 평균적으로 아기는 한 번 모유를 먹을 때 저장된 양의 3분의 2 정도를 먹는다. 아기가 직접 엄마의 젖을 빠는 경우 수유가 계속될수록 지방 함량이 높은 후유에 도달하게 된다. 그렇다고 해서 모유 수유를 하면서 전유와 후유가 모두 나왔는지를 너무 신경 쓸 필요는 없다. 아기가 원하는 만큼 모유를 먹게 두면 자연스럽게 자기에게 필요한 모유를 섭취할 것이다.

・

모유의 양은 어떻게 늘릴 수 있을까?

대부분의 엄마들은 아기가 먹기에 충분한 양의 모유를 만들 수 있다. 성장이 급등하는 시기에 아기는 더 오래, 더 자주 모유를 찾을 것이고 그에 맞춰 유방도 더 많은 모유를 만들어 낸다. 아기가 충분한 모유를 먹고 있는지는 몇 가지 신호를 통해 알 수 있다. 예를 들어 아기가 모유를 삼키는 소리와 움직임을 보이고, 젖을 빨 때 볼이 통통해지고, 수유 후에는 만족스럽고 편안해 보인다. 또한 기저귀에 소변과 대변을 보고, 몸무게가 점차 늘어날 것이다. 만약 모유가 충분하지 않은 것 같다면 모유 생성을 유도할 수 있도록 더 자주 수유를 해보자. 수유 중간중간에 유축을 하는 것도 도움이 된다. 그리고 무엇보다도 엄마 스스로 밥을 잘 챙겨 먹고 물을 충분히 마시고 휴식을 취하면서 자기 몸을 잘 돌봐야 한다. 일부 허브나 보충제가 모유 생성에 도움이 된다는 말도 있지만 명확한 근거는 없다. 갑상선 기능저하증과 같은 질환이 있으면 모유 생성에 영향을 줄 수 있으므로 이런 경우에는 의사와 상담하도록 하자.

・

모유가 너무 많이 나오기도 할까?

그렇다. 사출반사가 너무 강하게 일어나서 아기가 먹는 양보다 더 많은 모유가 분비되기도 한다. 이런 경우에는 아기가 모유를 먹다가 기침을 하거나 유방에서 떨어지려고 할 것이다. 아기를 세워서 안거나 자주 트림을 시켜 주면 아기가 모유의 흐름에 적응하는 데 도움이 된다. 모유 생성을 더 자극할 수 있으므로 수유 이외에 추가로 유축하는 것은 피해야 한다. 또한 항정신성 약물과 같은 다양한 약물 복용의 영향이 있을 수 있으므로 의사와 상담하는 것이 좋다.

모유 수유법

모유 수유를 터득하기까지는 시간이 걸린다. 그러니 인내심을 가지자.
물론 아기에게도 적응하는 시간이 필요하다.

• **모유 수유의 올바른 자세**

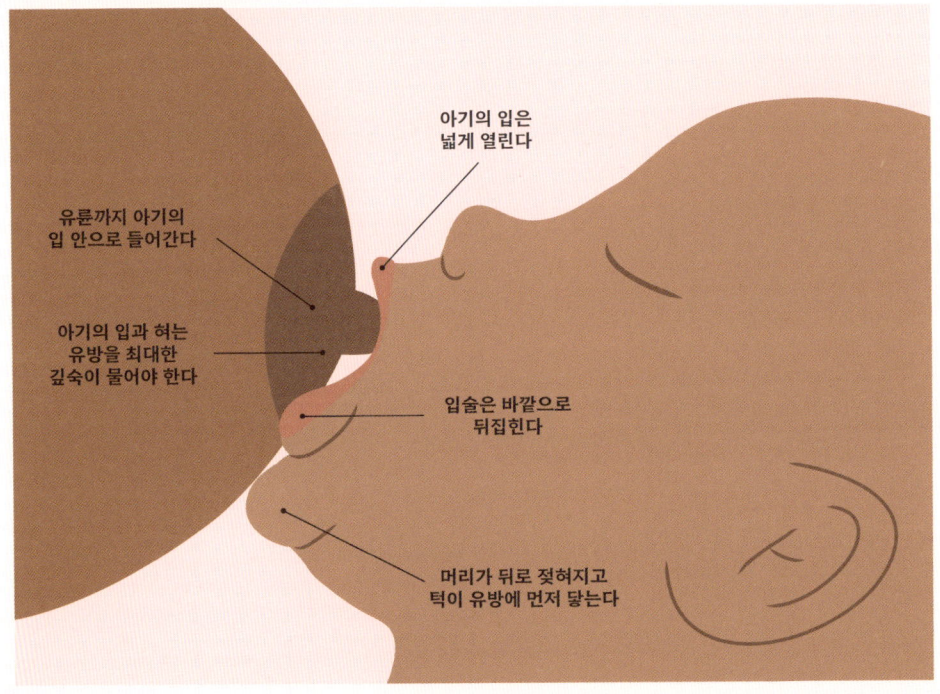

모유 수유 단계별 따라잡기

모유 수유에는 어느 정도 시간이 소요되기 때문에 일단 편안한 장소를 찾아 앉거나 눕는다. 마실 물을 미리 가져다 두면 좋고, 베개나 쿠션을 옆에 두면 몸을 기대기 편하다.

1. 아기를 몸 가까이 안고 아기의 코와 엄마의 유두가 같은 선에 오게 한다. 아기의 몸을 잘 받친 다음, 수평을 유지하며 엄마와 마주 보게 한다. 이때 아기의 머리가 비틀지지 않게 주의한다. 베개나 쿠션을 이용해 아기의 몸을 받치면 좋다.

2. 아기의 윗입술에 유두를 살짝 대면 아기가 입을 크게 벌릴 것이다. 아기의 입이 벌어지면 턱이 엄마의 유방에 닿게 되는데, 이때 유륜까지 포함해서 유방을 최대한 깊숙이 물려야 한다. 이렇게 해야 아기와 엄마 모두 수유가 훨씬 편해진다. 아기가 유두만 빨게 되면 통증이 생길 수 있다. 젖을 물린 다음에는 아기의 입술을 살펴보자. 유륜의 크기에 따라 조금씩 다르지만 일반적으로 아기의 입술 아래쪽보다 위쪽에 유륜이 더 많이 보여야 한다. 아기의 입술은 물고기처럼 바깥쪽으로 뒤집혀야 한다.

3. 모유 수유를 할 때 통증을 느껴선 안 되지만 유방 안쪽에서 당기는 느낌은 들 수 있다.

4. 아기가 제대로 젖을 물지 못한 것 같거나 통증이 느껴지면 아기를 떼어낸 후 처음부터 다시 시도해 보자. 아기의 입 가장자리에 깨끗한 손가락을 넣으면 밀착력이 풀려서 수월하게 떼어낼 수 있다.

5. 수유를 끝낸 후 유두를 살펴보자. 평소와 비슷한 모습이어야 하고, 평평해지거나 꼬집히거나 비틀리거나 하얗게 변하면 안 된다.

6. 모유 수유가 처음이라면 필요한 경우 주변에 도움을 요청하자. 조산사나 방문 간호사에게 조언을 구하거나 주변에서 수유 전문가나 비슷한 경험을 한 사람들을 찾는 것도 좋다.

· 편안한 자세 찾기 ·

편안한 자세를 찾을 수 있도록
여러 자세를 시도해 보자.

요람 자세: 아기를 팔뚝 위에 눕혀
수평으로 안는 자세

럭비 자세: 아기를 옆구리 아래에 끼우듯
옆으로 안는 자세

눕는 자세: 옆으로 나란히 눕는 자세

편평 유두나 함몰 유두로 모유 수유하기

편평한 유두나 함몰 유두를 가진 사람도 모유 수유를 할 수 있다. 우리가 하는 것은 '유두' 수유가 아니라 '모유' 수유니까 말이다. 아기가 젖을 잘 물기 위해서는 유두뿐만 아니라 유륜까지 함께 물어야 하므로 유두 모양 때문에 너무 걱정할 필요는 없다. 임신과 모유 수유를 거치면서 유두 모양이 자연스럽게 바뀌어 점점 모유 수유가 수월해지는 경우도 있다. 함몰 유두나 편평 유두를 가진 사람(32쪽 참조)은 좀 더 연습이 필요할 수 있다. 아래의 방법을 참조하자.

- 엄지와 나머지 손가락을 사용해 유두를 빙글빙글 돌려 밖으로 나오게 한다. 함몰 유두의 정도에 따라 이 방법이 통하지 않을 수도 있다(37쪽 참조).

- 유륜과 유두 위에 차가운 물수건을 잠깐 올려놓으면 유두가 나올 수 있다.

- 두 손가락으로 V 모양을 만들거나 엄지와 검지로 C 모양을 만든 다음, 유륜과 유두 아래쪽을 밀어 올리듯 누른다. 이렇게 유방 조직을 압박하면 유두가 나올 수 있다.

- 유축기를 이용하거나 손으로 유방을 짜면서 유두를 밖으로 튀어나오게 한다.

- 임신 마지막 몇 주 동안 유두 교정기를 활용하는 것도 도움이 된다. 유두 교정기는 유연한 실리콘 소재의 원형 기구로 약간의 압력을 가해 유두가 서서히 밖으로 튀어나오게 한다. 처음에는 잠깐씩만 착용하다가 점차 시간을 늘리도록 한다. 유두 교정기를 사용할 계획이라면 그 전에 먼저 담당의와 상의하는 것이 좋다.

- 편평 유두나 함몰 유두는 수유가 끝난 후 다시 들어갈 수 있으므로 위의 과정을 반복해야 한다. 축축한 상태면 감염 위험이 높아질 수 있으므로 유두가 다시 들어가기 전에 잘 말려 주는 것이 중요하다.

- 101쪽에서 설명한 것처럼 필요하다면 주변에 도움을 요청한다.

유두 피어싱을 한 상태로 모유 수유하기

아기의 입에 상처가 나거나 질식할 위험이 있기 때문에 수유 시에는 유두 피어싱을 제거하는 것이 좋다. 완전히 제거하는 것이 가장 좋지만 피어싱 구멍이 막힐 수 있다는 점은 염두에 두어야 한다. 그렇지만 수유를 할 때만 피어싱을 잠시 제거했다가 다시 착용하길 원한다면 항상 깨끗하고 건조한 상태에서 피어싱을 착용한다.

모유 수유를 할 때 피어싱을 제거하면 모유가 피어싱 구멍에서도 새어 나와 분출 속도가 빨라질 수 있다. 유두 피어싱이 이미 있는 상태에서 모유 수유를 하는 것은 큰 문제가 되지 않지만 임신이나 모유 수유 중에 새로운 피어싱을 하는 것은 권장하지 않는다. 모유 수유가 완전히 끝난 후 적어도 3개월 뒤에 하는 것이 좋고, 임신 계획이 있다면 최소 1년 전에 하는 것이 좋다. 유두 피어싱은 완전히 회복되기까지 수개월이 걸리고, 회복 과정에서도 감염의 위험이 크기 때문이다.

유방 수술과 모유 수유

수술의 종류에 따라 다르겠지만 대부분의 유방 및 유두 수술은 유선 조직이 남아 있어서 모유를 만들어 낼 수 있다(일부 유관과 신경이 손상될 수는 있다).

만약 유방 축소 수술(190쪽 참조)을 받았다면 유선 조직이 충분하지 않아 모유로만 수유하기는 어려울 수 있다. 하지만 사람마다 다르기 때문에 시도는 해 볼 수 있다. 남아 있는 유선 조직의 양에 따라 완전히 모유로만 수유가 가능할 수도 있고, 분유 수유로 보충해야 할 수도 있다.

보형물 삽입 등 유방 확대 수술을 받은 경우, 보형물을 대흉근 위에 삽입했을 때보다 대흉근 아래에 삽입했을 때 모유 생성에 영향을 덜 미친다. 일반적으로 이러한 내용은 수술 전에 충분한 상담을 거친다. 유방을 절제하거나 유륜과 유두를 재건하는 수술로 인해 유륜 주위에 상처가 생긴 경우, 흉터 조직 때문에 모유가 원활하게 분비되지 않아 모유 양이 적을 수 있다. 시간이 지나면서 유관과 신경이 새로운 길을 만들어 내면 모유의 양이 늘어나기도 한다.

한쪽 유방 절제술을 받았다면 유선 조직이 전부 제거되었기 때문에 수술한 유방으로는 수유가 불가능하지만 반대쪽으로만 수유를 해도 아기에게 필요한 만큼 충분한 모유를 공급할 수 있다. 부분 절제술이나 방사선 치료를 받은 경우 한쪽 유방의 모유 양이 줄어들 수 있지만 양쪽 유방을 합치면 아기에게 충분한 양의 모유를 만들어 낼 수 있다.

많이 하는 질문들

모유 수유

출산을 하지 않아도 모유 수유/가슴 수유를 할 수 있을까?

출산하지 않아도 모유 분비가 가능하다. 다만 모유 생성을 촉진하는 약을 복용하고 유축기로 유방을 자극해야 한다. 또는 기부받은 모유나 분유로 양을 보충해야 할 수도 있다. 이 책에서는 모유 수유와 가슴 수유라는 용어를 모두 사용해 수유와 관련 있는 사람 모두를 포용하고자 했다.

•

트랜스젠더나 논바이너리도 가슴 수유를 할 수 있을까?

가능하다. 모유 생성에 필요한 호르몬은 뇌하수체에서 분비된다. 호르몬 약물과 유방 자극이 동반되어야 하고, 보충분(위 참조)이 필요할 수도 있다. 유방 조직을 제거하는 탑 수술을 받았더라도 유방 조직이 일부 남아 있다면 소량의 모유를 생성할 수 있다. 가슴 수유를 할 때 유방 바인딩(82쪽 참조)은 유방염의 위험이 있으므로 주의한다. 테스토스테론을 복용하는 동안 가슴 수유를 고려한다면 테스토스테론이 모유를 생성하는 프로락틴 호르몬에 영향을 줄 수 있으므로 전문가와 상의하기를 권한다. 또한 모유 수유 또는 가슴 수유가 성별 불쾌감을 심화시키고 심리적으로 악영향을 줄 수 있다는 점을 인지하고 있어야 필요할 때 적절한 도움을 받을 수 있다. 모유 수유 또는 가슴 수유를 하지 않더라도 아기와 피부를 맞대고 있는 것만으로도 유대감이 형성되며 아기가 스스로 체온과 호흡을 조절하는 데도 도움이 된다.

•

모유 수유를 중단하려면 어떻게 해야 할까?

모유 수유 횟수를 줄이거나 이유식을 시작하면 점차 모유의 양이 줄어들 것이다. 수유를 중단할 계획이라면 한 번에 수유하는 양을 조금씩 줄여 가면서 몸이 적응할 수 있게 하는 것이 좋다. 그래야 유방 울혈이나 유관 막힘, 모유가 새는 증상을 예방할 수 있다. 출산 후 모유 수유를 하지 않기로 했다면 모유가 사용되지 않기 때문에 자연적으로 모유 생산도 멈출 것이다. 아이를 유산한 경우에는 카베골린과 같은 약물을 복용해 프로락틴 분비를 억제함으로써 모유 생성을 막을 수 있다.

모유 수유 시 흔히 겪는 어려움

모유 수유는 엄마와 아기 모두에게 익숙해지는 과정이 필요하다. 흔히 나타날 수 있는 증상들을 아래에 자세히 설명해 놓았다. 모유 수유에 어려움을 느낀다면 수유 전문가나 조산사, 방문 간호사, 의사에게 도움을 요청하는 것도 좋다.

유두의 통증

증상

유두의 통증이나 상처는 가장 흔히 나타나는 증상이다. 이 통증은 사출반사가 일어날 때 따끔거리는 느낌(97쪽 참조)이나 아기가 젖을 빨 때 부드럽게 당기는 느낌과는 확연히 다르다. 적절한 도움을 받지 못한 경우 너무 심한 통증 때문에 모유 수유를 포기하는 경우도 있다. 유두의 통증은 모유 수유를 처음 시작할 때 흔하게 나타나고, 수유에 점차 익숙해지면서 증상이 금방 사라진다.

하지만 만약 통증 정도가 심하고 시간이 지나도 사라지지 않는다면 아기가 잘못된 방법으로 유방을 물거나(100쪽 참조) 모유 유축을 너무 강하게 해서 상처가 생겼을 수도 있다. 그럴 때는 전문가나 의사의 도움을 받는 것이 좋다.

치료법

모유 수유를 한 후 유두를 자연 건조시키면 상처를 치료하는 데 도움이 된다. 라놀린 성분의 유두 연고를 바르거나 수유할 때마다 미리 유축해 둔 모유를 바르는 것도 좋다. 면이나 천연 소재 브라를 입으면 유두의 수분을 흡수시키는 데 도움이 된다. 유두의 상처 부위에 차가운 물수건을 대고 있으면 증상 완화에 좋고, 통증이 심하다면 진통제를 복용한다.

아기가 젖을 잘 물 수 있도록 주변의 도움을 받아 연습하는 것이 중요하다(100쪽 참조). 아기가 제대로 물지 못한 것 같다면 유방에서 떼어낸 다음 다시 시도해 보자(101쪽 참조). 혀 유착증(혀의 움직임이 제한되는 질환)처럼 아기가 젖을 잘 물기 어려운 원인이 있다면 치료를 고려해야 할 수 있다.

유두에 통증이 있다고 해서 '휴식'하는 시간을 주기 위해 수유 빈도나 수유 시간을 줄이면 모유의 양이 줄어드는 문제가 생길 수 있다.

젖몸살

증상

젖몸살은 초유에서 이행유로 바뀌면서(96쪽 참조) 젖이 '도는' 시기에 가장 흔히 나타나는 증상이다. 일반적으로 출산 후 약 3일째부터 나타나며, 출산 후 3명 중 2명이 겪을 정도로 흔하다. 유방이 커지고 만지기조차 어려울 정도로 통증이 심해 심지어는 브라를 입는 것조차 괴로울 수 있다. 일정 기간 유두가 편평해지기도 한다.

젖몸살은 보통 초반에 젖이 돌기 시작할 때 며칠 정도 지속되다가 사라지지만 이후에 증상이 다시 나타나는 경우도 있다. 예를 들어 아기가 급격한 성장기를 거치면서 먹는 양이 늘어나 더 많은 모유가 생산될 때, 잠자리에 들거나 수유 간격이 길어질 때, 모유 수유를 중단하려고 할 때도 젖몸살이 날 수 있다. 특히 첫 임신일 때 젖몸살이 가장 심하다. 하지만 젖몸살이 없다고 해서 걱정할 필요는 없다. 증상이 없어도 모유는 계속 만들어진다. 유방 보형물이 있다면 젖몸살이 나기 쉽고 증상도 더 심할 수 있다(187쪽 참조).

치료법

매우 편안하면서도 지지력이 좋은 브라(92쪽 참조)가 도움이 될 수 있다. 수유를 쉬는 시간이나 수유 직전에 냉찜질을 해주면 열감이나 부기 완화에 좋다. 열을 내리는 젤 패드도 도움이 된다.

주기적으로 수유를 하면 증상 완화에 좋고, 따뜻한 물로 샤워할 때 유방 마사지를 하거나 손으로 소량의 모유를 짜내면 유방의 부담을 줄일 수 있다.

유방 위에 시원한 양배추 잎을 올려 주는 것도 좋은 방법이다. 단 상처 난 피부에는 조심하도록 하자. 그 원리와 이유는 아직 명확하게 밝혀지지 않았지만 양배추에 있는 특정 성분이 유방 조직에 항염 효과를 가져오는 것으로 추측된다. 먼저 양배추를 냉장고에 넣어 차갑게 한 뒤 20~30분 정도 양배추 잎으로 유방을 덮는다. 원한다면 양배추 중간의 두꺼운 부분을 잘라내 유두가 나올 구멍을 내도 되고, 브라 안에 양배추 잎을 넣어서 사용해도 된다. 단 양배추가 모유 양에 영향을 줄 수 있으므로 증상이 완화되면 사용을 중단하는 것이 좋다(모유 수유를 중단할 때는 젖몸살 완화와 모유 분비량 감소에 도움이 되도록 양배추를 활용하기도 한다).

모유가 샐 때

증상	치료법
모유 수유를 시작하면 유두에서 분비물이 나오는 경우가 흔하다. 아기가 젖을 빨고 있으면 젖 사출반사가 반대쪽 유방에도 영향을 주면서 모유가 새어 나올 수 있다. 원한다면 새어 나오는 모유를 모아두었다가 나중에 사용할 수도 있다. 이러한 증상은 아기에 대한 생각을 떠올리거나 아기 울음소리만 들어도 반사적으로 일어나기도 한다.	보통 6주 정도 지나 모유 수유가 안정되면 줄어드는 편이지만, 그 후에도 계속 모유가 새어 나올 수 있다. 브라 안에 수유 패드를 넣으면 브라가 축축해지거나 옷 위로 모유가 새어 나오는 걸 방지할 수 있다. 이런 경우에는 유축이 유방을 자극해 모유 양이 늘어날 수 있으므로 가급적 유축은 피하는 것이 좋다.

유방 불균형

증상	치료법
아기들은 한쪽 유방을 더 선호하는 경향이 있어서 한쪽 유방이 다른 쪽보다 더 크거나 작아 보일 수도 있다. 하지만 모유 수유를 중단하면 불균형은 원래대로 돌아온다. 비대칭 유방은 지극히 정상이라는 사실을 잊지 말자(31쪽 참조).	아기가 덜 선호하는 쪽 유방을 물리거나 유축기를 사용해 자극을 주면 모유 생성을 유도하는 데 도움이 된다. 계속 한쪽 유방에만 젖을 물리면 그쪽의 모유 분비량이 더 늘어나 유방 불균형이 악화될 수 있다.

(.)(.)

유관 막힘	
증상	치료법
모유 수유를 하다 보면 유방 안쪽의 유선에서 만들어진 모유가 잘 흘러나오지 못하고 유관이 막히는 증상이 나타날 수 있는데, 이런 경우 유방 피부가 빨개지거나 통증이 느껴지는 덩어리가 잡히기도 한다. 항상 그런 것은 아니지만 유방의 감염으로 이어질 수 있으므로 유의해야 한다(유방염, 110쪽 참조).	유관 막힘을 치료하기 위해서는 모유 수유를 계속 해야 한다. 그래야 모유 분비가 촉진되어 유관을 뚫는 데 도움이 된다. 수유 전에 온찜질을 하거나 수유를 하는 동안 계속 유방을 마사지해 주는 것도 좋은 방법이다. 전동 칫솔이나 전동 마사지기를 활용해 유방을 마사지하는 것도 도움이 될 수 있다. 유방이 더 빨개지거나 통증이 심해진다면 유방염일 가능성이 있으므로 반드시 의사의 진찰을 받는다(110쪽 참조).

모유 물집	
증상	치료법
유두의 배출 구멍이 막힐 때 생기는 증상으로 유관 막힘과도 연관이 있다. 증상으로는 유두에 작은 흰색 또는 노란색 물집이 생기고 주위 피부가 붉어지거나 부어오른다. 물집이 잡힌 쪽 유방으로 수유를 하면 유두에서 통증을 느낄 수 있다.	일반적으로 며칠 안에 증상이 완화된다. 따뜻한 찜질을 해주면 도움이 되고, 아기가 젖을 빠는 힘이 물집을 열어 줄 수 있으므로 수유를 계속 하는 것이 좋다(물집은 아기에게 해가 되지 않는다). 올리브 오일을 조금 묻힌 유방 패드를 덧대 피부의 물집을 부드럽게 해주면 막힌 구멍이 열리는 데 도움이 될 수 있다. 유두 바로 뒷부분을 손으로 마사지하는 방법도 모유 배출에 효과적이다. 증상이 심해지거나 걱정된다면 의사의 진찰을 받아 보자.

유두 혈관 경련 수축

증상

유두에 혈액을 공급하는 작은 혈관이 경련을 일으키며 혈류가 줄어드는 것을 의미한다. 이 증상은 레이노병(131쪽 참조)이 있는 사람에게 더 흔하게 나타난다. 유두가 푸른색이나 흰색으로 변하고 감각이 사라졌다가 혈류가 다시 돌아오면서 분홍색이나 붉은색으로 변하고 통증이 생긴다.

치료법

유두의 혈관 수축을 방지하기 위해서는 몸을 따뜻하게 해야 한다. 모유 수유를 하는 동안 추위를 느낀다면 최대한 스카프나 카디건을 걸쳐 몸을 따뜻하게 감싸고, 특히 밤이라면 체온 유지에 더 신경을 써야 한다. 모유 수유가 끝난 후에는 유두를 바로 감싸 체온이 떨어지는 것을 방지한다. 온찜질을 하면 불편한 증상이 줄어들 수 있다. 염려되는 부분이 있다면 전문가와 상의한다.

아구창

증상

모유 수유를 할 때 유두에 감염될 수 있는 곰팡이 감염이다. 아구창에 걸리면 유두가 평소보다 갈색이나 어두운색으로 변할 수 있고, 밝은 피부라면 평소보다 더 분홍색이나 붉은색이 되거나 딱지가 생길 수도 있다. 수유를 하는 도중이나 끝난 후에 화끈거리거나 깊게 쑤시는 통증을 느끼기도 한다. 반대로 엄마에게는 아무 증상이 없지만 아기의 입 안에 하얗거나 노란 물질이 덮여 있을 수도 있다. 이 물질은 모유를 먹고 난 후의 잔여물과는 다르게 닦아낼 수 없다.

치료법

엄마의 유두나 아기의 입 속에 아구창 증상이 나타났다면 병원에서 유두에 바르는 젤이나 액상, 크림 형태의 항진균제를 처방해 줄 것이다. 제품에 따라서는 수유를 하기 전에 닦아내야 할 수도 있고, 그대로 수유를 해도 괜찮은 경우도 있다.

(.)(.)

유방염

증상

유방 자체에 감염이 생기는 질환으로 모유 수유 중에 비교적 흔하게 나타난다. 통계에 따라 차이는 있지만 대략 출산 후 6주 이내에 5명 중 1명 꼴로 발생한다. 유방염은 유관이 막히거나 유두의 상처 및 갈라짐으로부터 발생할 수 있다.

유방염에 걸리면 유방 부위가 빨갛게 달아오르거나 열감, 통증이 느껴지면서 매우 불편해질 수 있다. 대체로 유선을 따라 부채꼴 형태로 증상이 나타나고 해당 부위가 부어오른 것처럼 보일 수 있다. 또는 열이 나거나 몸 상태가 나빠진다. 유방염 증상이 나타난다면 의사의 진찰이 필요하다.

치료법

통증 완화를 위해 진통제를 복용하거나 감염 치료를 위해 병원에서 처방받은 항생제를 복용해야 한다. 온찜질도 증상 완화에 도움이 된다.

유방염이 생겼다고 해서 모유 수유를 중단할 필요는 없다. 오히려 수유를 계속해야 젖몸살을 예방할 수 있다. 유방염에 걸린 유방으로 모유 수유를 해도 아기에게 해롭지는 않다. 만약 모유 수유를 하기에 통증이 너무 심하다면 유축하는 방법이 좀 더 편할 수 있다. 유방염이 생기면 모유의 맛이 변할 수 있어 가끔 아기가 수유를 거부하는 경우도 있다. 모유 분비량을 유지하고 젖몸살을 방지하기 위해서는 계속 유축을 해주는 것이 좋다.

유관 막힘(108쪽 참조)으로 불편한 증상이 있다고 해서 바로 유방염이라고 단정할 수는 없지만 모유를 규칙적으로 배출하고 있음에도 12~24시간 이내에 증상이 완화되지 않으면 감염이 진행되고 있을 수 있으므로 병원을 방문하는 것이 좋다.

(.)(.)

젖낭종	
증상	치료법
모유로 가득 찬 낭종이다. 젖낭종이 생기면 매끈하고 둥근 부종이나 덩어리가 만져진다. 유관이 막히는 증상(108쪽 참조)과는 다르게 통증이 없고, 피부가 붉게 달아오르거나 열도 나지 않는다. 유방에 잡히는 덩어리를 손으로 누르면 유두에서 모유가 흘러나올 수 있다.	유방에서 덩어리가 만져진다면 의사의 진찰을 받아야 한다. 초음파 검사와 같은 영상 검사가 필요할 수도 있다. 대체로 젖낭종은 모유 수유를 그만두면 자연스럽게 사라지고, 필요한 경우 고여 있는 젖을 빼내야 할 수도 있다.

유방 농양	
증상	치료법
유방염이 심해질 경우 유방 농양으로 이어질 수 있다. 농양이 생기면 몸 상태가 나빠지고 유방 주위가 붉어지거나 뜨거워지고 부풀면서 통증이 생기거나 고름이 흘러나오는 경우도 있다. 유방염과는 다르게 유방 농양이 생겼다면 해당 유방으로는 모유 수유를 해서는 안 된다.	유방 농양 증상이 있다면 의사의 진찰을 받아야 한다. 이 경우 고름을 짜내거나 항생제를 처방해 치료한다. 농양이 생긴 유방으로는 직접 모유 수유를 하면 안 되지만 젖몸살을 예방하고 모유 분비량이 줄어들지 않도록 유축은 계속 하는 것이 좋다. 이렇게 유축한 모유는 폐기한다.

· 자가 검진 ·

임신이나 모유 수유 중에도 유방암이 발생할 가능성이 있으므로 주기적으로 자가 검진을 하는 것이 중요하다(39~43쪽 참조). 만약 염려스러운 변화가 생겼다면 반드시 의사의 진료를 받는다.

(.)(.)

모유 수유에 관한 오해

"모유 수유는 자연스러운 과정이니까 쉬울 것이다."

물론 자연스러운 과정이지만 그렇다고 해서 항상 쉬운 것은 아니다! 엄마와 아기 모두 과정을 터득하기까지 시간이 필요하다. 그러므로 필요하다면 주변에 도움을 요청하자.

●

"모유 수유는 아프다."

처음 며칠 동안은 유방이 민감하게 느껴질 수 있지만 모유 수유가 반드시 통증을 동반하는 것은 아니다. 만약 통증이 느껴진다면 모유 수유 전문가에게 조언을 구하자.

●

"생후 며칠 동안 아기의 체중이 줄어들면 모유가 부족한 것이다."

초유는 출산 후 며칠 동안 만들어지다가 이행유로 바뀌는데 이때 아기의 체중이 조금 줄어드는 것이 정상이다. 일반적으로 출생 시 체중의 약 10%가 조금 안 되게 줄어들었다가 모유를 먹으면서 늘어난다.

●

"모유 수유는 유대감 형성을 위해 꼭 필요하다."

모유 수유를 할 때 나오는 호르몬이 친밀감이나 유대감 형성에 도움이 될 수는 있지만(97쪽 참조) 어떤 방식을 사용하든 아기와 유대감을 형성할 수 있으므로 안심하길 바란다.

●

"유방이 작으면 모유가 충분히 나오지 않을 것이다."

그렇지 않다. 모유의 양은 유방 크기와는 상관이 없다(98쪽 참조).

"가만히 앉아 모유 수유만 하는 일은 힘들지 않다."

모유 수유에는 많은 에너지가 필요하다. 엄마의 몸이 아기의 생존에 필요한 모유를 만들어 내기 때문인데, 수유를 하면 하루 평균 500kcal의 에너지를 추가로 소모하게 된다. 여기에 수면 부족과 육아까지 더해지면 피로를 느끼는 것이 당연하다.

•

"모유 수유를 하고 싶다면 젖병을 절대 사용해선 안 된다."

많은 사람들이 유축한 모유나 분유를 함께 사용하는 혼합 수유를 선택한다. 무엇보다도 중요한 것은 아기가 '잘 먹는 것'이라는 사실을 명심하자. 젖병을 함께 사용하면 엄마가 다음 수유 전까지 휴식을 취하면서 몸을 회복할 수 있다는 장점이 있다.

•

"아기가 우는 이유는 모유가 충분치 않기 때문이다."

아기가 우는 이유는 배고픔 말고도 다양하다. 아기가 소변을 잘 보고 있고, 모유 수유 후에 만족스러워하고, 체중이 늘고 있다면 모유가 충분히 나온다고 볼 수 있다.

•

"모유 수유를 하면 유방이 처진다."

모유 수유가 유방의 크기나 모양, 처짐에 영향을 준다는 명확한 근거는 없지만 임신(88쪽 참조)이나 체중 변화로 모양이 변하면서 유방의 인대가 늘어났다면 전체적인 모양이 조금 달라질 수는 있다.

•

"모유 수유를 할 때는 절대 금주해야 한다."

가벼운 음주는 건강에 큰 해를 끼치지 않지만 술을 마셨다면 몇 시간 정도 기다린 후에 수유하는 것이 좋다. 술을 마신 뒤 약 30~90분 사이에 알코올 성분이 모유에 전달되며, 마신 양에 따라서 알코올이 완전히 분해되기까지 걸리는 시간이 달라질 수 있기 때문이다.

Chapter 6

폐경 이후

중년에 나타나는 유방의 변화

중년에 접어들면 호르몬 수치가 변동을 거듭하다가 하락하는데, 이에 따라 유방에 새로운 증상이나 변화가 나타날 수 있다. 자세한 내용을 살펴보자.

갱년기

갱년기 또는 폐경 전후기는 마지막 생리를 앞두고 있는 기간을 말하며, 이 시기에는 월경 주기가 규칙적일 수도 있고 불규칙적일 수도 있다. 그렇기 때문에 유방도 에스트로겐과 프로게스테론에 불규칙적으로 노출되면서 예민해지고 통증이 느껴질 수 있다.

갱년기는 보통 사람들이 생각하는 것보다 이르게, 40대 중반부터 시작될 수 있다. 따라서 40대 중반에 가까워졌다면 이번 장의 내용을 잘 익혀 두는 것이 갱년기를 준비하는 데 도움이 될 것이다. 조기 폐경이 있는 경우 이러한 변화는 더 빨리 나타난다. 폐경은 마지막 생리를 기준으로 판단하지만 12개월 동안 생리가 없을 때까지는 확실히 단정할 수 없다. 이 시점이 지나면 폐경 후로 진단한다.

폐경 후

폐경이 되면 에스트로겐과 프로게스테론 수치가 떨어지면서 유방을 포함한 신체 전반에 다양한 변화가 나타난다. 모유 생성을 담당하는 유선 조직이 줄어들면 유방의 밀도가 낮아지고 대부분이 지방 조직으로 채워지게 된다. 콜라겐과 탄력 섬유도 감소해 피부의 강도와 지지력, 탄력이 모두 떨어진다. 이로 인해 피부는 메마르고 건조해지며 주름이 생긴다. 이러한 변화가 복합적으로 작용해 유방은 더 작아지고, 처지고, 길게 늘어지거나 납작하게 보일 수 있다. 유두도 아래쪽으로 처지고 유방 사이의 공간도 더 넓어진 듯한 느낌이 든다. 유륜 주위에 없던 털이 자라거나 이전보다 더 많이 생기기도 한다. 이는 모두 호르몬의 변화로 인한 자연스러운 현상이다.

· 호르몬 대체 요법 ·

갱년기와 폐경기의 증상인 안면 홍조나 감정 변화를 치료하기 위해 호르몬을 보충하는 호르몬 대체 요법(HRT)을 사용하기도 한다. 호르몬 대체 요법은 에스트로겐만 단독으로 주입할 수도 있고, 자궁이 있는 여성이라면 에스트로겐과 프로게스테론을 함께 주입하기도 한다. 사람에 따라서는 테스토스테론을 보충하기도 한다. 이때 에스트로겐이나 프로게스테론 성분의 부작용으로 유방의 불편함과 통증이 생길 수 있다. 하지만 증상은 대개 수개월 이내에 가라앉는다.

중년에 나타나는 유방의 변화

유방 낭종

나이가 들면 유방에 양성 낭종과 같은 혹이 생길 위험이 커진다. 낭종은 쉽게 말해 액체로 가득 찬 주머니다. 낭종이 생기는 원인은 아직 밝혀지지 않았다. 유방 낭종은 대개 양성이며, 유방 낭종이 있다고 해서 암에 걸릴 가능성이 커지는 것은 아니다. 유방에서 만져지는 혹은 보통 낭종일 때가 많다. 유방 낭종이 있으면 새로운 혹을 발견하기 어려울 수 있으므로 항상 자신의 유방 상태에 대해 잘 알고 있어야 한다. 자가 검진(39~43쪽)을 하면서 조금이라도 달라진 부분이 있다면 의사와 상담하도록 하자.

유방 처짐

중년에 접어들면 유방 처짐, 즉 유방하수증이 흔하게 나타난다. 다른 신체 부위와 마찬가지로 나이가 들면서 유방의 외형도 변한다. 유방 처짐은 보통 폐경 후에 두드러지는 편이지만 젊은 나이에도 나타날 수 있다. 또한 유방 크기와 상관없이 발생하지만 유방이 큰 경우에 더 흔하게 나타난다. 처지는 모양도 사람마다 다양하다. 아래쪽 유방은 커지면서 위쪽 유방은 더 납작해지는 형태나 유방 전체가 흉부에서 아래로 내려앉은 형태, 유두의 방향이 아래쪽을 향하는 형태도 있다.

유방 처짐의 단계

유방 아래 주름(유방의 아래쪽 경계선)과 유두의 위치를 비교해 판단한다. 유방 성형 수술을 고려하고 있다면 유방 처짐의 단계를 알아두는 것이 도움이 된다. 단 유방과 신체가 변하는 것은 자연스러운 현상이므로 이를 평가의 시선으로 바라보아선 안 된다.

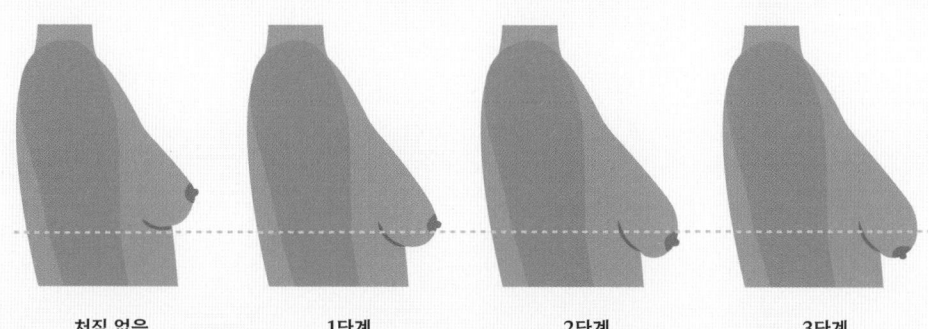

처짐 없음
유두가 유방 아래 주름보다 위에 있다.

1단계
유두와 유방 아래 주름이 같은 위치에 있다.

2단계
유두가 유방 아래 주름보다 밑에 있지만 가장 낮은 위치에 있는 것은 아니다.

3단계
유두가 아래쪽을 가리키고 유방의 가장 낮은 위치에 있다.

(.)(.)

많이 하는 질문들

유방 처짐(유방하수증)

유방은 왜 처지는 것일까?

유방을 지탱하는 것은 피부와 인대, 결합 조직이다. 나이가 들면서 피부 탄력이 줄어들면 중력에 저항해 유방의 무게를 지탱하기가 점점 힘들어진다. 월경 주기, 임신, 모유 수유, 갱년기와 폐경기에 이르기까지 이 과정에서 나타나는 모든 호르몬 변화도 유방에 영향을 줄 수 있다. 체중 감량과 체중 증가는 물론이고, 흡연도 피부를 손상시키기 때문에 유방에 영향을 준다. 특히 운동 시 유방을 잘 지지하는 스포츠 브라를 입지 않으면 인대와 피부가 늘어나 유방 처짐을 유발할 수 있다.

•

유방 처짐을 예방하려면 어떻게 해야 할까?

유방 처짐을 유발하는 원인은 매우 다양하지만 그중에는 노화나 중력 같은 통제할 수 없는 요인도 있다. 그렇지만 흡연을 아예 시작하지 않거나 금연하는 것은 도움이 될 수 있다. 흡연을 하면 피부의 콜라겐과 탄력 섬유가 손상되며, 피부에 혈액을 공급하는 혈관도 좁아지고 약해진다. 적정한 체중을 유지하고 잘 맞는 브라를 입으면 유방 처짐을 예방하는 데 도움이 된다.

•

유방 처짐을 치료할 수 있을까?

몸에 꼭 맞는 브라를 입으면(63쪽 참조) 유방을 지지하고 모양을 유지하는 데 도움이 된다. 유방 자체에는 근육이 없으므로 운동으로 크기를 키울 수는 없다. 하지만 유방 안쪽의 흉벽에는 근육이 있기 때문에 가슴과 어깨 근육을 키우면 약간이지만 유방이 올라가는 효과를 볼 수 있다. 처진 유방을 끌어올리는 유방 거상술의 도움을 받을 수도 있다(9장 참조).

유방 검진

**많은 나라에서 갱년기와 폐경기 시기 여성에게
유방 정기 검진 프로그램을 제공하고 있다.**

유방 검진 프로그램은 대부분 50대에 시작되고 일부 국가에서는 그보다 더 이른 시기에 시작한다. 그 이유는 나이가 들수록 유방암 발병률이 높아지기 때문인데, 영국의 경우 25~29세 사이의 유방암 발병률은 10만 명당 11.5명인 반면, 55~59세 사이는 10만 명당 285.5명으로 나타났다.

유방암 진단율은 나이가 들면서 상승하다가 몇 년 동안 정체기를 거친 뒤 영국의 경우 50세 이후부터 다시 증가한다. 아마도 이 시기부터 유방암 정기 검진이 시작되기 때문인 것으로 보인다.

결론부터 말하자면 유방암 검진은 당신의 생명을 살릴 수 있다. 유방암 검진과 치료법의 발전 덕분에 미국에서는 1989~2019년까지 약 50만 명의 유방암 사망을 예방한 것으로 추정된다. 영국의 경우 유방암 검진으로 매년 1,300명의 유방암 사망을 막을 수 있었다. 영국의 국민보건서비스(NHS)가 2019~2020년까지 조사한 바에 따르면, 유방암 검진으로 1만 7,500건의 유방암이 발견되었다.

연구 결과는 조금씩 달랐지만 2012년 영국에서 실시된 독립적인 연구에서는 50~70세 사이의 여성 1만 명이 유방암 검진을 받을 때마다 43명이 생명을 구할 수 있다고 한다. 또한 국제적인 연구에 따르면, 10년 동안 2,000명의 여성이 유방암 검진을 받을 때마다 1명의 생명을 구할 수 있었다고 한다.

세계보건기구 WHO는 각국의 건강보험 제도나 유방암 검진 프로그램이 다르다는 점을 인정했고, 이에 따라 국가별 WHO의 권장 사항에도 차이가 있다. 유방암 검진 프로그램이 암 예방을 위한 유일한 방법은 아니지만 유방에 대해 잘 알고 주기적으로 점검(39~43쪽 참조)하기 위해 꼭 필요한 과정이다. 유방촬영 검사 사이 또는 첫 유방 검사를 하기 전 유방암이 생기지 말란 법은 없으니 주기적으로 점검하는 것이 매우 중요하다.

유방에서 새로운 증상이나 변화가 나타났다면 유방암 검진 시기를 기다리지 말고 즉시 진료를 받는 것이 바람직하다.

· 고위험군 ·

이번 장의 내용은 유방암 고위험군에 속하지 않는 사람들을 대상으로 한 것이다.
유방암 발병 위험이 높은 사람이라면 157쪽을 참조하길 바란다.

국가별 유방암 검진 프로그램

영국의 국민보건서비스는 50세부터 유방암 검진을 제공한다. 50~70세 사이의 여성은 3년마다 유방촬영술을 받게 된다.

미국의 경우 미국 암학회나 미국 질병예방 특별위원회, 미국 산부인과학회와 같은 기관마다 권장하는 유방암 검진 시기와 주기가 다르다. 그러나 50~74세 사이의 여성에게 유방암 검진을 제공해야 한다는 의견에는 모두 동의한다. 다만 일부에서는 매년 혹은 2년마다 검진을 권장하기도 한다. 40~49세 사이의 여성에게 유방암 검진이 제공되기도 하는데 이때는 검진의 잠재적인 이점과 위험성에 대해 충분한 논의가 동반되는 경우가 많다(124쪽 참조).

호주의 유방암 검진 프로그램은 50~74세까지 2년마다 유방촬영 검사를 제공한다. 40~49세 사이, 75세 이상도 유방촬영 검사를 받을 수 있지만 자동으로 등록되지는 않는다.

독일은 50~69세까지 2년마다, 프랑스는 50~74세까지 2년마다 유방촬영 검사를 제공한다.

영국의 경우 50~70세 사이의 여성 1만 명이 유방암 검진을 받을 때마다 43명의 생명을 구할 수 있다고 한다.

(.)(.)

유방 검진 예약

유방 검진 예약을 잡았는가? 검진을 준비하는 방법과
검진 과정에 대해 알아보고 염려되는 부분을 살펴보자.

유방촬영술이란?

유방암 검진 중에는 저선량 엑스레이를 이용해 유방을 촬영하는 유방촬영술이 있다. 유방의 종괴는 주변보다 조직이 치밀해서 엑스레이가 통과하지 못하고 사진에 뚜렷하게 나타난다. 최근에는 디지털 방식을 활용해 적은 양의 방사선으로도 유방 촬영이 가능하다. 디지털 방식은 필름 방식보다 방사선 노출이 적으면서도 고품질의 사진을 얻을 수 있다.

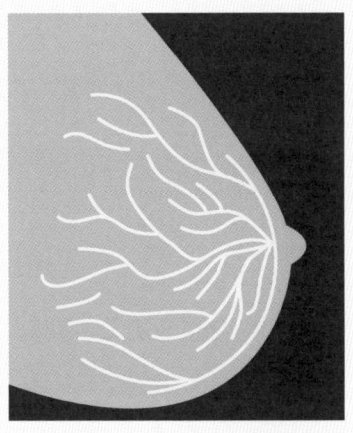

정상 유방의 유방 촬영 사진

유방 촬영 준비하기

유방 검진을 하는 날에는 스프레이 데오도란트(스틱형이나 바르는 제형은 가능하다)나 활석 가루가 포함된 파우더는 사용하지 않아야 한다. 이러한 물질이 유방 촬영 사진에 나타나면 검사 결과의 정확도가 떨어질 수 있기 때문이다. 검사실에 들어가면 먼저 상의와 브라를 모두 탈의해야 한다. 검진할 때 상·하의가 분리된 옷을 입으면 바지나 치마를 입은 채로 상의만 벗을 수 있어서 편하다. 검사실에서는 유두 피어싱이나 목걸이 같은 액세서리도 모두 제거해야 한다.

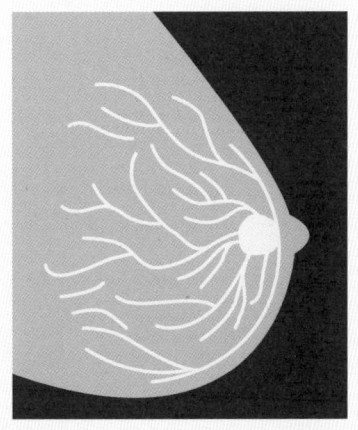

밀도가 높은 종괴가 보이는 유방 촬영 사진

유방 촬영 자세

준비가 끝나면 방사선사가 유방촬영기 앞에서 정확한 자세를 안내해 준다. 그런 다음 엑스레이 촬영판 사이에 유방을 올려놓아야 한다.

한쪽 유방을 두 번씩 촬영하게 되는데 첫 번째는 위에서 내려다보는 각도로, 두 번째는 겨드랑이 부위까지 보기 위해 각도를 틀어 대각선 방향으로 찍는다. 이렇게 하면 엑스레이 사진에 더 넓은 유방 조직을 담을 수 있어 최대한 많은 정보를 파악할 수 있다. 가장 좋은 자세를 찾기 위해 몸을 돌리거나 팔을 위나 옆으로 뻗어야 할 수도 있다. 자세를 잡고 나면 엑스레이 촬영을 하는 동안 그대로 유지해야 한다.

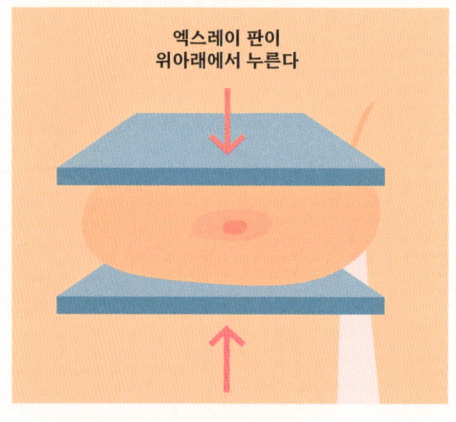

수평 엑스레이 자세

대각선 엑스레이 자세

Q: 치밀 유방이 있다는 말을 들었다. 무슨 뜻일까?

(.) (.)

A: 유방은 유선 조직과 섬유 조직, 지방 조직으로 이루어져 있다. '치밀' 유방은 지방 조직보다 유선 조직과 섬유 조직이 많은 것을 의미한다. 눈으로 확인하거나 손으로 만져 봐서는 치밀 유방이라는 것을 알 수 없고, 보통 유방 촬영에서 발견되는 편이다. 유방촬영술에서는 치밀 유방과 암이 모두 하얗게 나타나므로 구분하기 어렵다. 또한 치밀 유방은 유방암 발병률을 높이기 때문에 이러한 경우 추가적인 촬영이나 검사를 권유받을 수 있다.

트랜스젠더나 논바이너리의 유방 검진

영국에서는 유방을 가지고 있는 50대 이상이면 누구나 유방암 검진을 받을 수 있다. 폐경 이후에도 자연적으로 에스트로겐이 생성되거나 에스트로겐 호르몬 치료를 받는 경우가 있기 때문이다. 여기에는 트랜스 남성, 출생 시 지정 성별이 여성인 논바이너리, 에스트로겐 치료를 받는 트랜스 여성, 출생 시 지정 성별이 남성인 논바이너리도 포함된다.

만약 영국 의료 시스템에 여성으로 등록되어 있다면 자동으로 유방암 검진 대상자에 포함된다. 남성으로 등록된 경우 유방암 검진 대상은 아니지만 1차 진료의(GP)에게 연락해 검진을 요청하거나 예약할 수 있다. 유방 제거 수술을 받은 후에도 유방 조직이 남아 있을 수 있으므로 유방암 검진을 소홀히 해서는 안 된다. 만약 유방 바인딩을 착용했다면(82쪽 참조) 유방 검진을 하는 동안에는 벗어야 한다.

검진 결과가 비정상이라면?

영국에서는 유방촬영술을 받은 여성 100명 중 4명이 비정상 소견으로 추가 검사를 위해 다시 연락을 받는다고 한다. 미국의 경우에는 100명 중 10명이 이에 해당한다. 유방 촬영에서 비정상 소견이 나왔다고 해서 무조건 유방암이라는 것은 아니다. 실제로 유방 촬영 후 추가 검사 요청을 받은 사람들 대부분은 암이 아니었다. 미국에서 추가 검사 요청을 받은 10명 중 1명만이 유방암으로 판정되었으며, 영국의 경우 재검을 받은 4명 중 유방암은 1명뿐이었다.

비정상 소견이 나왔다면 특정 부위를 더 자세히 확인하기 위해 유방 확대촬영을 받거나 진료 방향을 결정하기 위해 유방외과 전문의의 진료를 안내받을 수도 있다. 유방 촬영에서 비정상 소견이 발견되었거나 유방에 변화가 생긴 경우 유방 전문 클리닉에서 어떤 과정을 거치게 되는지 궁금하다면 136쪽을 참조하라.

결과는 언제 나올까?

검사 종류마다 결과가 나오는 시간이 다르다. 영국에서는 보통 2~3주 내로 받아 볼 수 있고, 촬영 이미지는 2명의 전문가가 개별적으로 판독한다. 최근에는 검진 결과를 빨리 얻을 수 있도록 이미지 판독에 인공지능을 활용하는 연구도 진행되고 있다. 검사 결과는 당신과 담당 의사에게 모두 전달된다. 결과가 정상이라면 별도로 할 일은 없으며, 거주하는 국가나 나이에 따라서(119쪽 참조) 정해진 주기가 되면 다시 검진 일정을 예약하게 된다. 하지만 그 전에 새로운 증상이나 변화가 생겼다면 바로 의사의 진찰을 받아야 한다.

(.)(.)

유방암 검진을 둘러싼 걱정들

유방암 검진 대상자라고 해서 모두가 검진을 받는 것은 아니다.
사람들이 유방암 검진을 망설이는 이유에 대해 살펴보자.

영국과 미국의 경우 나라에서 제공하는 유방암 검진을 받는 여성은 70%에 이른다. 하지만 여전히 검진을 꺼리는 사람도 있는데, 검사 과정 자체를 걱정하거나 결과를 두려워하는 등 다양한 이유가 있다. 그렇다면 우리의 생명을 구할 수 있는 유방암 검진에 대해 사람들은 어떤 점을 가장 염려하는 것일까?

인생 대부분의 결정이 그렇듯 모든 의료 검사와 치료에는 장단점이 있고 잠재적인 위험성과 이점을 꼼꼼히 따져 볼 필요가 있다. 그러나 전반적으로 살펴보면, 유방암 검진은 잠재적인 위험성보다는 유방암을 조기에 발견하고 생명을 구할 수 있다는 이점이 훨씬 크다. 유방암 검진의 가장 큰 장점은 증상이 아직 나타나지 않은 초기 단계에 유방암을 발견해 빠르게 치료를 시작할 수 있다는 것이다.

아프지 않을까?

유방 촬영을 하기 위해서는 2개의 엑스레이 판 사이에 유방을 넣어야 한다. 이 과정에서 유방이 약간 압박되면서 꽉 조이는 느낌, 불편함, 통증을 느낄 수 있다. 이때의 불편함은 대부분 엑스레이를 촬영하는 몇 초 동안만 지속되며 압박이 풀리면 곧 사라진다. 생리 예정일 전에 검사를 받으면 통증을 더 심하게 느끼는 사람도 있다(평균 폐경 나이가 51세이므로 아직 생리를 하는 사람도 유방암 검진 대상이 될 수 있다). 간혹 유방의 불편함이 며칠 동안 지속되는 경우도 있다. 촬영은 몇 분 만에 끝나며, 이후 바로 검진실을 나올 수 있다.

· 유방 촬영과 유방 보형물 ·

유방 보형물이 있다면 촬영 전에 의료진에게 알려야 한다. 보형물로 인해 유방 조직 일부가 가려질 경우 추가 엑스레이 촬영이 필요할 수 있다. 유방 촬영은 보형물 자체를 확인하는 검사가 아니기 때문에 보형물에 대해 걱정되는 부분이 있다면 별도로 의사와 상담한다.

불안감

유방촬영 검사를 받고 결과를 기다리는 과정만으로도 불안감을 느낄 수 있다. 결과가 명확하지 않거나 추가 검사를 권유받으면 불안감은 증폭된다. 그렇지만 추가 검사를 받는 사람들 대부분은 암이 아니다. 영국에서는 여성 100명 중 4명만이 유방 촬영 후 추가 검사를 받으며(123쪽 참조), 그중 대부분이 암이 아니었다는 점을 기억해 두자.

이러한 심리적 불안감 때문에 추가 검사를 기피할 확률이 크다는 연구 결과도 있다. 하지만 실제로는 문제가 없을 가능성이 훨씬 높으므로 안심하고 검사를 받길 바란다. 영국 여성 100명 중 추가 검사를 받는 사람은 4명이고, 그 4명 중에서 3명은 걱정할 만한 결과가 아니었다.

거짓음성

흔한 일은 아니지만 간혹 유방암 검진에서 거짓음성이 나오는 경우도 있다. 거짓음성이란 실제로는 초기 유방암이 진행되고 있음에도 불구하고 검사 결과에서는 이상이 없다고 나오는 경우를 말한다. 이런 일이 발생하는 이유는 유방촬영술만으로는 유방암을 찾아내기가 어렵기 때문이며, 실제로 2,500건 중 1건꼴로 거짓음성이 나타난다. 따라서 유방암 검진을 받았더라도 정기적으로 자가 검진(39~43쪽 참조)을 하는 것이 매우 중요하다.

과잉 진단

나중에 증상이 발병할 소지가 있는 유방암이 아니라 유방 검진이 아니었다면 발견되지 않았을 것이며 이후에도 문제가 되지 않을 유방암을 의미한다. 암 중에는 생명에 위협이 되지 않고, 증상이 나타나지 않는 경우도 있다.

이 말인즉 일부는 꼭 필요하지 않은 치료를 받을 수도 있다는 의미다. 그러나 영국의 한 연구에 의하면 과잉 진단의 가능성은 유방암 검진을 받은 1,000명 중 3명도 안 될 정도로 낮다고 한다. 바꿔 말하면 검진을 통해 유방암 진단을 받은 사람 중 3.7%만이 과잉 진단에 해당한다는 의미다. 과거에는 이를 5~30% 사이로 추정했지만 실제로는 그보다 훨씬 낮았다.

현재 기술로는 유방암의 진행 양상을 예측할 수 없기 때문에 이 암이 매우 천천히 자라서 큰 문제가 되지 않을지, 아니면 급격하게 성장할지는 알 수 없다. 따라서 검진에서 유방암이 발견되었다면 치료를 권유받을 것이다.

방사선

유방촬영술은 엑스레이를 이용하므로 방사선이 사용된다. 유방 촬영에 쓰이는 방사선의 양은 매우 적어 위험성이 낮다. 2014년의 한 연구에 의하면 1만 건의 유방 촬영 중 방사선과 관련해 유방암이 발생한 경우는 1~10건으로 추정된다. 실제로 유방 촬영에서 노출되는 방사선량은 일상생활에서 약 7주 동안 흡수하는 자연 방사선량과 비슷한 수준이다.

Chapter 7

유방에 이상 신호가 생겼을 때

유방의 통증과 불편한 증상

많은 여성들은 살아가면서 한 번쯤은 유방의 통증이나 불편함을 경험할 수 있다.
지금부터 그 원인이 무엇인지 살펴보자.

'유방에 이상 신호가 생겼을 때'라는 제목이 다소 불안하게 느껴질 수 있지만 유방에 영향을 끼칠 수 있는 다양한 증상과 질환에 대해 미리 알아두는 것이 좋다. 그래야 적절한 시기에 필요한 도움을 받을 수 있다. 하지만 실제로는 많은 사람들이 유방에 작은 증상이 나타나기만 해도 곧바로 유방암과 연결 지어 생각한다(물론 조금의 증상이라도 확인할 필요는 있다).

여성 10명 중 7명은 유방의 통증이나 불편한 증상을 경험한다. 그중 대다수는 참을 수 있는 정도의 가벼운 통증이고 대개 월경 주기와 연관이 있다. 10명 중 1명은 꽤 심한 통증을 경험하고 일상생활에 어려움을 느끼기도 한다. 몇 달에 걸쳐 통증 일지나 앱을 이용해 유방의 통증과 월경 주기를 기록해 두면 주기적인 통증인지 확인할 수 있다. 월경 주기와 통증 여부, 통증의 정도(가장 심할 때가 10점)를 기록하고, 통증이 일상에 영향을 주었을 때도 함께 적어 둔다.

원인 불명의 유방통이 생기면 우리는 이미 머릿속에 최악의 시나리오를 그리며 마음을 졸인다. 유방 통증을 유방암의 증상이라고 생각하는 일은 매우 흔하다. 물론 그럴 가능성도 있긴 하지만 유방 통증만으로 유방암이 의심되는 경우는 드물다. 일반적으로 유방암이 있으면 통증 없는 혹이 만져지거나 피부가 두꺼워지는 증상이 나타난다(160쪽 참조). 양쪽 유방에서 통증이 느껴지는 것도 암과 연관 짓기는 힘들다. 하지만 평소와 다른 유방통이 느껴지거나 염려되는 부분이 있다면 의사의 진료를 받아 보자.

주기적인 유방 통증

주기적으로 유방 통증이 나타나는 것은 매우 흔한 일이며, 월경 주기에 따른 호르몬 변화가 유방에도 영향을 미치기 때문에 이러한 증상을 경험할 수 있다(70쪽 참조). 생리를 처음 시작했을 때부터 폐경이 될 때까지 나이에 상관없이 언제든 유방 통증이 나타날 수 있다. 주로 젊은 나이에 증상이 심했다가, 갱년기에 접어들어 다시 통증이 생기기도 한다(116쪽 참조). 사람에 따라 유방 조직이 호르몬 변화에 유독 예민하게 반응하는 때도 있다.

사람마다 통증과 불편한 정도가 다르기도 하지만 매달 증상이 달라지기도 한다. 대부분은 가벼운 통증에 그치지만 일부는 일상생활에 영향을 받을 정도로 심한 통증을 경험한다. 통증이 심한 경우 신체 활동이나 운동을 피하게 되고, 포옹을 꺼리거나 성욕이 감소하고 성관계가 고통스러워진다. 특히 엎드려 자는 편이라면 수면에도 방해가 되어 피로가 누적되고 기분까지 가라앉을 수 있다.

이렇게까지 통증을 자세히 묘사하고 또 통증이 심해지는 시기를 설명하는 이유는 단순히 겁을 주기 위해서가 아니라 사람마다 증상이 다르기 때문에 자기 몸을 잘 이해하고 어떤 도움이 필요한지 스스로 알 수 있도록 돕기 위해서다. 주기적인 유방 통증을 완화하기 위한 방법은 오른쪽에서 확인할 수 있다.

유방통은 대체로 생리를 앞둔 며칠 동안이 가장 심

하지만 그보다 더 이른 시점인 배란이 된 후부터 생리를 하기까지 2주가량 통증이 지속되는 경우도 있다(70쪽 표 참조). 생리가 시작되면 증상이 완화되고, 대개 생리가 끝나면 완전히 사라진다.

이러한 통증은 주로 양쪽 유방에 나타나고 양쪽의 통증 정도가 다를 수 있다. 유방의 어느 부위에서든 통증이 느껴질 수 있지만 보통 위쪽이나 바깥쪽에서 가장 심하게 느껴지고 겨드랑이까지 이어지기도 한다. 이 시기에 유방이 조금 부풀거나 전체적으로 울퉁불퉁한 느낌이 들 수 있으며, 이러한 변화는 생리가 시작되고 나면 사라진다.

통증은 언제쯤 사라질까?

주기적인 유방통이 있다고 해서 앞으로 생리가 끝날 때까지 매달 통증을 겪어야 한다는 의미는 아니다. 증상이 저절로 사라지기도 하고, 나타났다가 사라지기를 반복하기도 한다. 실제로 유방통을 경험한 여성의 20~30%는 약 3개월 이내에 통증이 줄어들었다고 한다. 반면, 10명 중 6명은 몇 년 뒤에 증상이 다시 나타나기도 한다. 통증이 나타났다가 사라지는 정확한 원인은 아직 모르지만 아마도 평생에 걸친 호르몬의 변화와 관련이 있는 것으로 보인다.

치료법

만약 통증이 가벼운 수준이고 일상생활에 지장을 주지 않는다면 별다른 치료가 필요하지 않다. 일단 유방을 잘 지지하고 몸에 잘 맞는 브라(63쪽 참조)를 입는 것이 중요하다. 수면 중에도 통증이 있다면 브라 착용이 도움이 될 수 있다. 밤에는 편안한 브라를 입고, 낮에는 지지력이 좋은 브라를 입도록 하자.

> **· 영양제가 도움이 될까? ·**
>
> 뚜렷한 근거는 부족하지만 일부 연구에서는 하루에 아마씨 25~30g을 섭취하면 주기적인 유방통을 완화하는 데 도움이 된다고 보고했다. 아마씨를 갈아서 스무디나 시리얼, 요구르트에 넣어 먹는 것도 하나의 방법일 수 있지만 유방통 치료에 일반적으로 쓰이지는 않는다(변비에는 도움이 된다). 또는 비타민 E나 비타민 B6, 달맞이꽃유의 도움을 받았다는 사람도 있지만, 이 역시 유방통에 효과적이라는 근거는 부족하다. 만약 이 방법이 효과가 있었다면, 약사나 담당의에게 복용 중인 약이나 현재 몸 상태에 영향을 미치지 않는지 확인받는 것이 좋다. 그래야 혹시라도 몸에 해가 될 가능성을 줄일 수 있다.

- 파라세타몰과 같은 일반 진통제를 복용하면 유방 통증과 불편함을 줄일 수 있다. 포장지에 표시된 권장 복용량을 확인하자.

- 이부프로펜 젤과 같은 비스테로이드성 항염증제(NSAIDs)는 피부에 직접 바르는 진통제로 유방통 완화에 도움이 된다.

- 피임약이나 호르몬 대체 요법과 같은 호르몬 치료제도 증상 완화에 도움이 될 수 있다. 73쪽과 150쪽을 참조하라.

- 드물게는 타목시펜이나 고세렐린 주사와 같은 약물을 사용해 에스트로겐을 줄이거나 차단하기도 한다. 이러한 약물은 흔히 폐경기 증상이 부작용으로 나타나며 다른 치료가 효과가 없거나 유방통이 너무 심해 일상생활이 어려운 경우에만 사용된다.

비주기적인 유방 통증

유방 통증이 항상 월경 주기와 연관이 있는 것은 아니다. 이를 확인하려면 통증을 꾸준히 기록해 보면 된다. 통증은 일시적일 수도 있고 지속적일 수도 있다. 주로 양쪽 유방에 나타나는 주기적인 유방통과 달리 비주기적인 유방통은 대체로 한쪽 유방에만 나타나는 경우가 많지만 반드시 그런 것은 아니다.

비주기적인 유방 통증은 유방염과 같은 염증 때문일 수도 있다(110쪽 참조). 또는 대상포진과 같은 질환이 유방 통증의 원인이 되기도 한다(133쪽 참조). 유방 통증이 지속된다면 의사의 진찰을 받는 것이 좋다.

임신과 모유 수유로 유방과 유두에 불편한 증상이 나타나기도 한다(5장 참조).

흉벽의 통증

유방에서 통증이 느껴지더라도 통증의 근본적인 원인이 유방 조직 자체가 아니라 다른 신체 부위인 경우도 있다. 때로는 흉벽의 근육이나 흉곽, 흉골의 통증이 유방에서 느껴질 수도 있다. 예를 들어 브라가 몸에 잘 맞지 않아 흉벽이 유방의 무게를 대신 지탱했거나 운동으로 인해 근육이 긴장하고 손상된 경우 통증이 생길 수 있다. 또한 늑골연골염은 갈비뼈와 흉골 사이의 하나 이상의 관절에 염증이 생기는 질환으로, 흉곽이나 유방에 통증을 유발할 수 있다. 이 경우에는 조금만 움직이거나 숨을 깊게 쉬거나 손을 대면 통증이 더 심해진다. 가슴 근육에 부상이 생겨도 유방 통증을 느낄 수 있다.

통증의 원인에 따라 치료법은 달라지지만 비주기적 유방통은 보통 저절로 해결된다(여성의 절반 정도가 그렇다). 일단 브라가 몸에 잘 맞는지부터 확인하자(63쪽 참조). 근육 통증이 있는 경우 등과 어깨, 목을 스트레칭하고 가동성을 높이면 통증 완화에 도움이 된다. 파라세타몰과 같은 일반 진통제나 바르는 소염 진통제를 사용하는 것도 효과적이다.

현재 복용하고 있는 약물이 유방 통증을 일으킬 수도 있으므로 약사나 의사와 상담해 보자. 예를 들어 복합 경구 피임약이나 호르몬 대체 요법은 유방 통증을 유발할 수 있다. 세르트랄린 등 다양한 종류의 항우울제도 원인이 될 수 있다. 전문가들은 일단 통증이 저절로 가라앉는지 지켜보다가 약을 바꾸거나 중단하기를 권할 것이다.

> 흉벽 근육이나 흉곽, 흉골의 통증이 유방에서 느껴질 수도 있다.

유두의 통증과 불편한 증상

**유두에는 신경종말이 촘촘하게 분포되어 있어
쾌락과 고통에 모두 매우 예민하게 반응한다.**

생리 직전이나 생리를 하는 동안 유방에서 불편함과 통증을 느낄 수 있는 것처럼(71쪽 참조) 유두에서도 이와 비슷한 증상이 나타날 수 있다.

잘 맞지 않는 브라나 옷을 입었을 때 마찰과 자극이 생기면서 유두에 통증이 생길 수도 있다. 특히 장거리 달리기처럼 유두에 반복적인 마찰이 생기는 경우 통증을 느끼거나 심하면 출혈이 생기기도 한다. 이를 방지하기 위해서는 몸에 잘 맞는 브라를 입고, 유두 보호대나 패치, 의료용 테이프로 유두를 보호하는 것이 좋다. 마찰 방지 크림이나 바셀린을 얇게 바르는 것도 도움이 된다. 단 장거리 달리기를 할 때는 계속 덧발라 줄 필요가 있다.

모유 수유를 할 때 생길 수 있는 유두 통증, 예를 들면 유두 아구창과 관련된 내용은 109쪽을 참조하라.

피부 질환

유두와 유륜, 유방의 피부는 알레르기 반응, 습진, 건선과 같은 피부 질환 때문에 가렵거나 자극을 받기도 한다. 만약 브라 때문에 자극이 생긴다면 면 소재의 브라를 입거나 브라 안에 면을 덧대는 방법이 도움이 될 수 있다. 면 소재 베개를 잘라서 덧대는 것도 좋은 방법이다. 유두에 새로운 변화가 생겼다면 반드시 의사의 진찰을 받아야 한다(40쪽 참조). 효소 세제가 습진을 악화시킨다는 명확한 근거는 없지만 일부는 피부에 자극적이라는 이유로 효소가 들어 있지 않은 세제를 선호하기도 한다. 또한 섬유유연제 성분이 옷에 남아 피부에 자극이 될 수도 있다.

피부의 수분을 빼앗지 않는 클렌저나 보습제를 사용하면 건조한 피부를 보호할 수 있다.

유두 혈관 경련 수축

혈관 경련 수축은 혈관이 수축해 혈액 공급이 원활하지 못한 상태를 말한다. 유두에 혈관 경련 수축이 나타나면 색이 파랗게 변했다가 하얘지고, 이후에는 화끈거리고 마비되는 느낌과 함께 통증이 생긴다. 유두 주위의 온도가 올라가고 혈액 공급이 원활해지면 유두의 색이 분홍색이나 붉은색으로 돌아가면서 다시 통증이 나타날 수 있다. 유두 혈관 경련 수축은 모유 수유를 할 때도 발생할 수 있다(109쪽 참조). 이러한 증상을 줄이려면 몸 전체를 따뜻하게 하고 유두를 감싸 주는 것이 좋다.

레이노병은 손가락이나 발가락과 같은 신체 끝부분에서 주로 나타나며, 이러한 특성 때문에 유두에서도 발생할 수 있다. 레이노병의 증상은 혈관 경련 수축과 매우 유사하지만 다른 결합 조직 질환과 관련이 있을 수 있으므로 의사의 진찰을 받는 것이 좋다.

유두 분비물

유두 분비물의 가장 흔한 원인은 모유 수유나 임신이지만
성별을 가리지 않고 누구에게나 언제든 일어날 수 있다.

유즙분비증은 임신이나 모유 수유와 상관없이 유두에서 유백색의 유즙이 흘러나오는 증상을 가리킨다. 월경 주기와 관련해 증상이 나타나는 경우도 있으며 대부분 자연스러운 생리 현상에 속한다. 또는 성관계 중이거나 옷과 반복적으로 마찰할 때 분비물이 나오기도 하며, 특별한 자극 없이 저절로 나타나는 경우도 있다. 이러한 증상은 대체로 걱정할 만한 문제는 아니다. 유즙분비증은 유아, 특히 신생아에게도 성별과 관계없이 나타날 수 있다(29쪽 참조). 유두 분비물은 불규칙한 월경과 같은 다른 증상과 연관이 있는 경우도 있지만 그 외에도 다양한 형태로 나타날 수 있다. 만약 임신이나 모유 수유를 하지 않는 상황에서 유두 분비물이 나온다면 의사의 진찰을 받는 것이 좋다.

압 치료제, 오피오이드 마약성 진통제, 호로파나 펜넬과 같은 허브 보충제 등 다양한 의약품이나 약물, 보충제가 원인일 수도 있다. 남성의 경우 테스토스테론 부족과 연관이 있는 경우도 있다.

때로는 원인을 찾을 수 없는 원인 불명의 유즙분비증이 나타날 수도 있다. 한 이론에 따르면 유방의 유선 조직은 프로락틴에 지나치게 민감하게 반응하는 특성이 있어 프로락틴 수치가 정상일 때조차도 유즙분비물이 나올 수 있다고 한다.

가능성 있는 원인들

유즙분비증은 모유를 생산하는 호르몬 중의 하나인 프로락틴의 수치가 높아 나타나는 경우도 있다. 프로락틴은 뇌 가운데에 있는 뇌하수체에서 만들어지기 때문에 만약 뇌하수체에 비악성(양성) 종양이 생기면 프로락틴이 과하게 분비될 수 있다.

유즙분비증의 다른 원인으로는 신장 질환이나 갑상선 기능저하증, 유방이나 척수의 신경 손상 등이 있다. 또는 호르몬 피임약이나 특정 항우울제, 고혈

· 의사의 진찰이 필요할 때 ·

유두에서 분비물이 생겼다면 반드시 병원을 방문해야 한다. 만약 임신이나 모유 수유를 하지 않는데 유두 분비물이 나온다면 의사의 진찰을 받아 보자. 유두 분비물은 대개 유백색을 띠지만 투명하거나 황녹색인 경우도 있고 가끔 피가 섞여 있기도 하다.

유방 발진

가장 흔하게 발생하는 유방 발진으로는 무엇이 있는지, 유방 발진은 어떻게 예방할 수 있는지, 또 언제 의사의 진찰이 필요한지 살펴보도록 하자.

대부분의 유방 발진은 암과 관련이 없지만 드물게는 유방암의 증상일 수 있으므로 발진이 생기면 반드시 확인하는 것이 중요하다. 발진이 생기면 유방의 피부나 유두, 유륜이 가렵거나 화끈거리고 따끔거릴 수 있다. 유두의 분비물 때문에 발진 증상이 나타나기도 하고, 유방염이나 유방 농양과 같은 질환도 피부에 영향을 줄 수 있다.

피부스침증

피부스침증은 유방이 접히는 부위에서 주로 나타나며, 특히 유방이 크고 늘어지거나 땀을 많이 흘리는 사람에게 자주 발생한다. 피부끼리 마찰이 발생하거나 습한 상태일 때 더 쉽게 생긴다. 또는 박테리아나 곰팡이 감염도 함께 나타날 수 있다. 피부스침증의 증상은 다음과 같다.

- 가려움
- 따가움
- 피부색 변화: 붉어지거나 갈색으로 변하고 평소보다 색이 어두워진다.
- 피부가 갈라지고 상처나 궤양이 생긴다.
- 냄새가 난다.

피부스침증을 치료하기 위해서는 발진 부위를 항상 깨끗하고 건조하게 유지하고 샤워를 한 후에는 해당 부위를 문지르지 말고 가볍게 두드려서 수분을 말려야 한다(헤어드라이어의 냉풍을 사용해도 좋다). 비만이나 과체중이라면 체중 감량이 발진을 줄이는 데 도움이 될 수 있다. 곰팡이나 세균 감염이 함께 진행된 경우에는 항생제나 항진균제 성분의 연고를 처방받게 된다. 브라가 몸에 잘 맞고 피부 마찰을 유발하지는 않는지 확인하자.

면과 같은 천연 섬유의 브라를 입고, 매일 갈아입자. 추가적인 마찰이나 피부 스침을 예방하기 위해 보호 크림을 사용하는 것도 좋다.

대상포진

수두를 앓은 적이 있다면 나중에 대상포진으로 발현될 가능성이 있다. 대상포진은 수두를 유발하는 바이러스가 신경계 일부에 잠복하고 있다가 다시 활성화되며 생기는 질환이다. 이 바이러스가 재활성화되면 해당 신경의 영향을 받는 피부에 증상이 발현되고, 대체로 통증을 동반한 발진이 나타난다. 발진이 유방이나 복부에 띠 모양으로 퍼지면 유방의 피부에도 발진 증상이 나타날 수 있다. 처음에는 작은 물집처럼 보이다가 이후에는 딱지가 생긴다. 대상포진을 진단받으면 항바이러스제가 처방되고, 필요시 진통제를 함께 사용하기도 한다.

접촉 피부염

향수나 바디로션과 같은 새로운 물질에 의해 알레르기나 자극 반응이 나타나는 피부 질환이다. 접촉 피부염이 생기면 피부가 붉어지거나 가렵다. 치료법은 원인 물질을 피하고, 가려움증을 완화하는 항히스타민제를 복용한다. 스테로이드와 같은 연고도 도움이 된다. 단 얼굴이 부어오르거나 호흡이 힘들어지는 아나필락시스 증상이 나타나면 신속히 치료받아야 한다.

그 밖의 피부 질환

습진이나 건선 같은 피부 염증 질환이 생길 수 있다. 습진은 피부가 매우 건조해져 붉게 변하거나 갈라지고 심한 가려움을 동반하는 피부 질환이다. 건선은 비늘로 덮인 붉은 반점 형태로 나타나는 것이 특징이다.

질환에 따라 다르지만 치료법은 일반적으로는 피부를 촉촉하게 유지하는 보습제나 스테로이드성 크림 및 연고를 사용한다. 유방에 새로운 반점이 생겼다면 원인을 구분하기가 쉽지 않으므로 진찰을 받는 것이 좋다.

염증성 유방암

염증성 유방암은 유방암 중에서도 희귀한 유형에 속한다. 염증성 유방암이 생기면 암세포가 피부 속 림프관을 막아 피부에 염증과 유사한 증상이 나타날 수 있다. 염증성 유방암의 증상은 다음과 같다.

- 유방이 부어오른다. 원래 한쪽 유방이 더 컸다면 특별한 문제는 아닐 수 있지만 예전과 달리 변화가 생겼거나 크기 차이가 뚜렷하게 느껴진다면 병원을 찾아 검사를 받는 것이 좋다.
- 피부색이 변한다. 붉은색 또는 분홍색이 되거나 피부색이 짙어지기도 한다. 색이 짙어지는 것은 주로 피부색이 어두운 사람에게 더 흔하게 나타난다.
- 피부 질감이 달라진다. 피부가 작게 파이거나 울퉁불퉁해 보이고, 오렌지껍질처럼 변하거나 셀룰라이트처럼 보이기도 한다. 피부가 두꺼워질 수도 있다.
- 피부가 가렵고, 열이 오르거나 화끈거리는 느낌이 든다.
- 유두의 변화가 생겨 납작해지거나 함몰될 수 있고, 방향이 바뀌기도 한다.

파제트병

유방의 파제트병은 희귀한 형태의 유방암으로 유두 및 유륜 피부에 증상이 나타난다. 파제트병이 있는 경우 같은 쪽 유방에 다른 유방암이 동반될 가능성이 있다. 습진과 파제트병의 피부 변화는 얼핏 비슷해 보일 수 있지만 파제트병은 유두나 유륜에 증상이 나타나는 반면, 습진은 유두를 피해서 나타나는 편이다. 또한 습진은 신체의 다른 부위나 양쪽 유방에 나타나는 경향이 있지만 일반적으로 파제트병은 한쪽 유방에만 나타난다. 파제트병을 제때 치료하지 않으면 유두 궤양으로 발전할 수 있다. 증상은 다음과 같다.

- 유두 또는 유두 주변 피부에 딱지가 생기고 피부가 벗겨지거나 발진이 난다.
- 유두와 유륜이 가렵고 화끈거리거나 따끔거린다.
- 유두에서 분비물이 나온다.
- 유두 안쪽에 혹이 만져진다.
- 유두가 납작해지거나 유두 궤양이 생긴다.

여성유방증

여성유방증은 남성의 유방 조직이 정상보다 비대해진 것을 의미한다.
여성유방증이 생기는 이유에 대해 알아보자.

여성유방증은 남성의 유방 조직이 비대해지는 증상이다. 비대해진 유방 조직은 유두나 유륜 주위에 작게 나타날 수도 있고, 전반적으로 크게 나타날 수도 있으며, 한쪽에만 생기거나 양쪽 모두에 생길 수도 있다. 흔하게 발생하는 질환이지만 당사자에게는 심리적 스트레스를 유발하고, 자존감과 심리적 건강에도 안 좋은 영향을 줄 수 있다. 또한 실제로 통증과 불편한 증상을 느끼기도 한다.

유방 조직은 에스트로겐의 영향을 받아 성장한다. 남성의 신체도 여성과 마찬가지로 에스트로겐과 테스토스테론을 모두 생성하지만 일반적으로는 에스트로겐보다 테스토스테론의 수치가 훨씬 높기 때문에 유방 조직이 자라지 않는다. 그러나 이 두 호르몬의 균형이 깨지면 여성유방증이 발생할 수 있다.

호르몬이 급변하는 사춘기 시기에 흔히 나타나며, 남자 청소년의 절반가량이 경험한다. 이러한 경우 대부분은 몇 년 안에 저절로 사라진다. 또한 나이가 들면서 테스토스테론 수치가 떨어지면 고령의 남성에게도 나타날 수 있다. 여성유방증은 유방암과는 관련이 없다.

가능성 있는 원인

비만인 경우 여성유방증이 생기기 쉬운데, 지방 세포가 에스트로겐 분비에 영향을 주기 때문이다. 에스트로겐 수치가 높으면 유방 조직의 성장을 자극할 수 있다. 여성유방증은 특정 약물이나 알코올, 오락성 마약의 부작용으로 나타나기도 하고 낮은 테스토스테론 수치, 갑상선 기능저하증, 간 질환과도 연관이 있다.

치료법

사춘기 시기에 생기는 여성유방증은 대체로 몇 년 안에 저절로 사라지기 때문에 별다른 치료가 필요하지 않다. 만약 특정 약물이나 오락성 마약이 원인이라면 약물을 중단하는 것이 좋다. 다른 질환으로 인해 발생한 경우에는 근본적인 원인을 치료해야 한다. 호르몬 불균형을 바로잡기 위해 타목시펜과 같은 약을 처방하기도 한다.

과도하게 발달한 유방 조직을 제거하는 수술도 가능하다. 하지만 단순히 과체중만으로 유방이 커진 남성에게는 이 수술이 적합하지 않을 수 있다. 반면 체중을 많이 감량한 후 유방 피부가 처진 경우에는 수술을 통해 피부를 당겨 유방 모양을 정리하기도 한다.

병원이나 유방 클리닉 방문하기

병원이나 유방 클리닉에 예약을 앞두고 있는가? 그곳에서 어떤 검사를 받게 되는지, 또 가능성 높은 진단에는 무엇이 있는지 알아보자.

만약 유방에서 새로운 변화를 느끼고 병원을 찾았다면, 의사는 몇 가지 질문을 한 뒤 검사를 제안할 것이다. 여러분이 30세 이하이고 유방의 혹이나 발진, 피부가 두꺼워지는 증상이 생리 예정일 직전에 나타났다면 생리가 끝난 후 다시 병원을 방문하라고 권할 수 있다. 그 외 대부분은 유방 전문 클리닉으로 진료 의뢰서를 발급해 줄 것이다. 이는 반드시 유방암 때문이 아니라 양성 유방 낭종과 같은 다양한 질환일 가능성이 있기 때문이다. 영국의 경우, 정밀 검사를 받은 환자 중 약 90%는 암이 아니었다. 유방 검사를 앞두고 마음이 불안해지는 것은 자연스러운 일이지만 가장 중요한 것은 문제가 없다는 사실을 밝혀내고, 문제가 있다면 적절한 도움을 받는 것이다.

유방 클리닉으로 진료 의뢰

의사의 진찰이나 유방암 정기 검진을 받은 후 추가 검사가 필요하면 유방 전문 클리닉에서 정밀 검사를 받게 될 수도 있다. 유방 클리닉에서는 여러 검사가 진행되거나 대기 시간이 생길 수 있으므로 몇 시간 정도 여유를 두고 방문하는 것이 좋다. 일반적으로는 과거 병력을 확인한 후 유방 검사를 진행하고, 이후 필요에 따라 추가 검사를 요청하기도 한다. 검사 당일 바로 결과가 나오는 경우도 있고 조직 검사의 경우에는 1주 뒤에 다시 방문해 결과를 확인하기도 한다.

검사 결과가 오래 걸리는 이유는 전문가가 조직 샘플을 분석한 후에 필요시 여러 분야의 전문의가 함께 논의하는 과정을 거치기 때문이다. 유방 클리닉에서는 어떤 검사를 받게 되는지 미리 살펴보자.

유방촬영술

유방 클리닉에서의 유방 촬영은 유방암 정기 검진과 같은 방식으로 진행된다(119쪽 참조). 이 검사는 일반적으로 35세 이상의 여성에게 시행된다.

(.)(.)

초음파 검사

초음파를 이용해 유방 내부의 이미지를 생성한다. 검사 시에는 상의를 벗고 누운 상태에서 팔을 머리 위로 올려야 한다. 초음파 젤을 유방에 바른 뒤 검사 기기로 유방 위를 문지르며 영상을 촬영한다. 초음파 검사는 통증이 없다.

· 미리 겁먹지 말 것 ·

영국에서는 유방 촬영을 한 여성 100명당 4명만이 추가 검사를 권유받는다. 그리고 추가 검사를 받는 대부분의 사람은 유방암이 아니다. 보통 유방암 검진 후 추가 검사를 권유받는 사람은 유방 촬영이 처음인 경우가 많은데, 비교할 만한 이전 검사 결과가 없기 때문이다.

중심부바늘생검

속이 빈 바늘을 이용해 유방에서 아주 작은 조직을 채취하는 방법이다. 어느 부위에서 샘플을 얻느냐에 따라서 바르게 눕거나 엎드린 자세를 취해야 한다. 먼저 피부에 국소마취제를 주사한다. 마취제를 넣으면 처음에는 벌에 쏘인 듯 얼얼한 느낌이 들다가 곧 감각이 사라진다. 이후 피부를 작게 절개한 다음 바늘을 넣어 분석을 위한 조직을 채취한다. 한쪽 유방에서 조직을 여러 번 채취할 수도 있다. 또는 정확한 위치에서 채취하기 위해 유방 촬영이나 초음파 검사를 동시에 진행하기도 한다. 절개 부위는 드레싱 처치를 한 뒤 며칠간 그대로 유지해야 한다. 마취제의 효과가 떨어지면 조금씩 통증이 생기고 가끔 멍이 들기도 한다. 통증이 느껴지면 일반 진통제를 복용한다.

가는바늘흡인(FNA)

중심부바늘생검에 비해 자주 사용되지는 않는다. 이 검사는 미세한 바늘과 주사기를 이용해 유방 세포에서 소량의 조직을 채취하는 방식이다. 검사 전에 국소마취제를 바르기도 하지만 항상 그렇지는 않다. 바늘이 워낙 얇아 조직 검사 자체보다 국소마취 주사가 더 불편할 수 있기 때문이다. 가는바늘흡인은 하나의 샘플을 채취하는 데 1분도 걸리지 않는다. 바늘을 제거한 후에는 반창고를 붙여 주는데 당일 저녁에 떼어내도 괜찮다.

수술적 생체검사

드물게는 조직 검사를 위해 수술이 필요한 경우도 있다. 예를 들어 중심부바늘생검의 결과가 명확하지 않았을 때 수술적 생체검사를 진행하기도 한다. 이러한 경우에는 유방 클리닉이 아니라 병원에서 입원이 필요 없는 수술로 진행된다. 일반적으로 수술적 생검에서는 종괴 전체와 소량의 정상 조직도 함께 제거하게 된다.

유방의 양성 변화

**유방 클리닉에서 검사를 받은 후에는 어떤 결과가 나올 수 있을까?
다음의 질환들은 모두 양성으로, 암이 아닌 종양에 해당한다.**

섬유낭병

30~50세 사이의 여성에게 가장 흔하게 발생하는 질환으로, 작은 낭종(액체가 차 있는 주머니)과 함께 피부 조직이 두꺼워지는 증상이 나타난다. 또 다른 증상으로는 유방이 전반적으로 울퉁불퉁해지고, 피부 아래에 작은 혹이 다수 생기면서 마치 냉동 완두콩이 만져지는 듯한 느낌이 들 수 있다. 이러한 변화는 주로 양쪽 유방에서 모두 관찰되며 통증과 불편한 증상이 동반되기도 한다. 섬유 조직의 변화는 월경 주기와 연관이 있어서 생리 직전 1주가량 증상이 심해졌다가 생리가 시작되면 점차 가라앉는 경우가 많다.

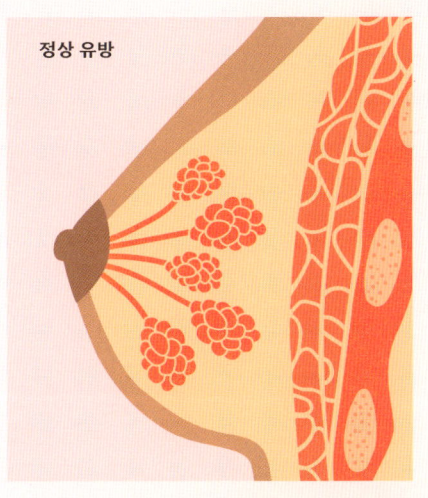

정상 유방

섬유선종

유방의 양성 종괴 중 가장 흔한 유형이다. 14~35세 여성에게 가장 많이 나타나는 질환으로 유방의 유선 조직과 결합 조직이 과다하게 증식하기 때문에 발생한다. 섬유선종은 일반적으로 둥글고 단단하며 탄력이 없고, 손으로 만지면 피부 아래에서 조금씩 움직이기 때문에 '유방 속의 쥐'라고도 부른다. 통증을 동반하지는 않는 편이다. 섬유선종은 저절로 사라지기도 하고, 진단 후 제거하기도 하지만 대부분 양성이기 때문에 그대로 두는 경우도 많다. 만약 혹이 점점 자라거나 너무 커져 유방 모양에 영향을 준다면 수술

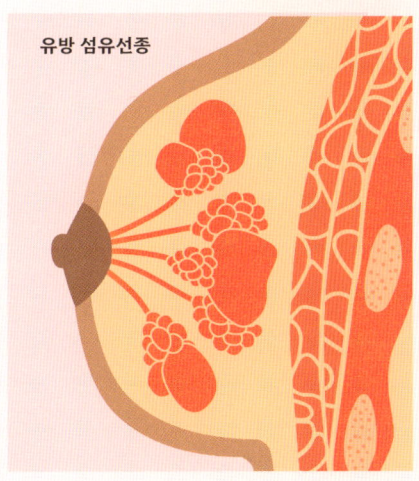

유방 섬유선종

적 제거를 권하기도 한다. 폐경 이후 호르몬이 변하면서(116쪽 참조) 줄어들거나 사라지기도 한다.

낭종

유방 낭종은 액체가 차 있는 혹으로 매끄럽고 단단하다. 나이에 상관없이 발생할 수 있지만 갱년기나 폐경기 여성에서 더 자주 나타난다. 생리 전 몇 주 이내에 새로 생기거나 크기가 커졌다가 이후에는 저절로 작아지거나 사라지기도 한다. 양성 질환이기 때문에 그대로 둘 수도 있고, 낭종 속 액체를 제거하는 흡인 치료를 하기도 한다(다시 차오를 수도 있다).

지방종

지방이 과하게 증식한 양성 종괴로 신체 어느 부위에서든 나타날 수 있다. 발견되면 그대로 두거나 수술로 제거하기도 한다. 말랑한 촉감을 가지며 손으로 누르면 납작해지고 다양한 크기로 나타난다. 검사를 하지 않고는 어떤 종류의 종괴인지 알 수 없으므로 혹이 만져진다면 반드시 검사를 받는 것이 좋다.

지방 괴사

유방에는 지방 조직이 있는데 이 지방에 충격이 가해지면 지방 괴사라고 부르는 혹이 생길 수 있다. 지방 괴사가 생기면 피부가 붉어지거나 멍든 것처럼 보인다. 유방이 큰 사람에게 더 자주 나타나며 남성과 여성 모두에게 발생할 수 있다. 지방 괴사는 그대로 두기도 하지만 유방 외형에 영향을 주거나 증상이 발생하는 등 우려가 될 때는 제거하기도 한다.

경화선증

유방 내 조직이 흉터 조직처럼 두껍고 단단해지는 양성 질환이다. 경화선증은 암이 아니며 악성으로 변하지 않기 때문에 제거하거나 그대로 두기도 한다.

관내 유두종

사마귀처럼 보이는 피부 병변으로 유륜 안쪽의 유관에서 주로 발생한다. 혹이 만져지기도 하고 유두에서 맑거나 피가 섞인 분비물이 나오기도 한다. 관내 유두종을 발견한 경우 암 가능성을 배제하기 위해 제거한다.

유관 확장증

유관이 넓어지고 두꺼워지는 양성 질환으로 드물게 남성에게도 발생할 수 있다. 혹이 만져지거나 유두 함몰과 같은 유두의 변화가 생기고, 유두 분비물이 나오거나 통증을 동반하기도 한다. 증상이 재발하거나 지속된다면 수술적 제거를 권유받을 수 있다.

몬도르병

흔하지는 않지만 유방의 혈관에 염증이 생기는 양성 질환이다. 남성과 여성 모두에게 발생할 수 있고 격한 운동이나 유방 부상, 유방 수술이 원인이 될 수 있다. 몬도르병은 피부 아래에 길쭉한 '끈'이 생기면서 붉어지거나 통증을 동반하기도 한다. 증상이 진행되면 억센 섬유 조직이 만져지면서 피부가 당겨져 움푹 들어갈 수 있다. 시간이 지나면 증상은 저절로 사라지지만 통증이 가라앉을 때까지는 몇 주 정도 일반 진통제를 복용해도 괜찮다. 하지만 피부 증상이 완전히 사라지기까지는 시간이 다소 걸릴 수 있다.

비정형 증식

유방의 유관이나 소엽에서 세포가 과다 증식하는 양성 질환이다. 비정형 증식은 생체검사를 통해 진단되며, 양성이긴 하지만 정상 세포와는 다른 형태가 관찰된다. 유방암으로 발전할 가능성이 있어 대부분 제거하는 편이다. 때에 따라 추적 검사를 진행할 수도 있다.

임신이나 모유 수유와 관련된 종괴

여기에는 유관 막힘이나 유방 농양, 젖낭종 등이 포함된다. 암보다는 모유 수유로 인한 종괴가 훨씬 흔하지만 임신이나 모유 수유 중에도 유방암이 발생할 수 있으므로 유방에 변화가 생겼다면 반드시 병원을 방문하자. 더 자세한 내용은 5장을 참조하라.

엽상 종양

희귀한 종양 중 하나로 양성일 수도 있고 악성일 수도 있으며, 양성과 악성의 중간 단계인 경계성 종양에 해당하는 경우도 있다. 따라서 엽상 종양을 발견하면 수술로 제거하는 것이 일반적이다. 유방 수술에 대해 궁금하다면 8장을 확인하라.

감염

유방 감염(유방염)과 유방 농양은 모유 수유를 할 때 가장 흔하게 나타나지만 그 외에도 언제든 발생할 수 있다. 당뇨병이 있거나 흡연자인 경우 발생할 가능성이 높다. 감염이 생기면 주로 항생제를 처방받으며, 유방 농양의 경우 수술 치료가 필요할 수도 있다. 유두 피어싱이 있다면 감염이나 농양의 위험성이 높아진다. 최근에 임신이나 모유 수유의 경험이 없는데 유방염 증상이 생겼거나 항생제를 먹어도 1주 내로 증상이 호전되지 않는다면 유방 전문 클리닉 진료를 권유받을 수 있다. 유방의 염증 질환이 염증성 유방암과 관련 있을 수 있기 때문이다.

> **· 소엽 신생물 ·**
>
> 소엽 신생물 또는 소엽상피내암(LCIS)은 유방암 발병의 위험을 높이는 질환이다. 병변의 모양에 따라 제거할 수도 있고 그대로 경과를 관찰하기도 하는데, 해당 병변이 직접 유방암으로 진행되는 경우가 드물기 때문이다. 다만 유방암이 생길 위험이 높아진 만큼 정기 검진이나 다른 치료를 권하기도 한다.

Chapter 8

유방암

위험 인자

유방암을 확실하게 예방할 수 있는 방법은 없지만 위험 인자를 미리 알아두는 것은 매우 중요하다. 물론 위험 인자 대부분은 우리가 통제할 수 없다.

유방암이 생기는 이유는 DNA가 변하거나 손상을 입으면서 세포의 성장·분열·복제의 방식이 바뀌기 때문이다. 이러한 변화로 인해 비정상적인 세포가 통제할 수 없이 번식한다. DNA가 변하는 원인은 다양하다. 유전적인 요인 외에도 환경이나 생활 방식에 의한 손상 또는 세포가 분열하는 과정에서 자연스럽게 DNA 손상이 발생하기도 한다.

유방암의 위험 인자는 조절할 수 없는 인자와 조절 가능한 인자로 나눌 수 있다. 하지만 조절할 수 없는 인자나 다수의 위험 인자를 가지고 있다고 해서 반드시 유방암에 걸린다는 의미는 아니다. 유방암의 원인이 무엇이든 간에 자기 자신이나 유전자 혹은 다른 위험 인자를 탓하지 않아야 한다. 위험 인자가 있든 없든, 나이가 몇 살이든 상관없이 모든 사람은 자신의 유방과 흉부를 주기적으로 검진해야 한다. 자가 검진에 관해서는 39~43쪽, 주의 깊게 살펴봐야 할 증상은 40쪽을 참조하라.

조절할 수 없는 인자

먼저 우리가 통제할 수 없는 인자부터 살펴보자. 다음에 소개하는 모든 요인들은 장기적으로 유방암에 걸릴 위험을 높인다.

여성으로 태어나는 것

여성으로 태어났다는 사실 자체가 유방암 발병의 주요 위험 인자다. 유방암은 여성에게 훨씬 흔하게 발생하고, 영국의 경우 매년 유방암 진단을 받는 여성은 5만 5,000건인 반면, 남성은 350건에 불과하다.

나이

유방암 발병률은 나이가 들수록 높아지고, 50세 이상의 여성에게 가장 많이 발생한다. 이러한 이유로 많은 나라에서는 50세 전후에 유방암 검진을 시작

· **유방암 생존 통계치** ·

영국과 미국에서 유방암은 가장 흔한 암 중 하나이며, 영국 여성 7명 중 1명은 평생 한 번쯤은 유방암 진단을 받을 가능성이 있다. 조기 발견이 많아지고 치료법이 발전한 덕분에 유방암 진단을 받은 사람 중 약 80%는 10년 넘게 생존한다.
현재 미국의 유방암 생존자는 380만 명, 영국은 60만 명으로 추정되며 이 수치는 앞으로도 계속 증가할 것으로 보인다.

한다(119쪽 참조). 영국에서는 매년 10만 명의 여성 중 50~54세에는 280명, 65~69세에는 412명이 유방암 진단을 받는다. 반면 31~34세 사이에는 31명에 그쳤다. 유방암 진단을 받은 사람 중 약 24%는 75세 이상이었다.

가족력

유방암에 걸린 사람 대부분이 유방암 가족력이 있는 것은 아니다. 하지만 가까운 가족이 이른 나이에 유방암 진단을 받았다면 유방암에 걸릴 위험이 커진다. 특히 직계 가족(부모, 형제자매, 자녀) 중 40세 이전에 유방암 진단을 받은 사람이 있다면 유방암 발병률은 거의 2배 가까이 높아진다. 유방암 진단을 받은 형제자매가 많을수록 발병 위험성도 함께 올라간다.

유방암 사례 중 5~10%는 유전적 요인으로 인해 발생하며, 이는 유전적 돌연변이를 한쪽 또는 양쪽 부모로부터 전달받은 경우에 해당한다(154쪽 참조). 유방암의 위험성을 높이는 유전자는 어머니 쪽뿐만 아니라 아버지 쪽에서도 유전될 수 있다.

BRCA1형이나 BRCA2형 유전자(156쪽 참조)를 가진 여성은 약 70%가 유방암에 걸릴 수 있다. 그 밖에 유방암 위험을 높이는 여러 유전자 변이가 존재한다. 만약 유방암 가족력이 있다면 BRCA 검사나 다른 유전자 검사를 권유받을 수도 있다(155쪽 참조).

과거 유방암 진단을 받은 경우

과거 유방암을 앓은 적이 있다면 같은 쪽 유방이나 반대쪽 유방에서 새로운 암이 생길 가능성이 크다. 이는 이전의 암이 재발한 것이 아니라 새로운 암이 자란 경우다. 암이 새로 자랄 가능성이 있는 만큼 조기 발견을 위해 유방암 검진을 더 자주 받는 것이 좋다. 소엽상피내암(LCIS, 141쪽 참조)이 생기면 병변이 발견된 곳뿐만 아니라 양쪽 유방 어디에서든 침윤성 유방암이 생길 위험이 10배 정도 높아진다.

치밀 유방 조직

지방 조직이 많은 유방에 비해 유선 조직이 많은 유방 조직이 훨씬 치밀하다. 치밀 유방은 암으로 발전할 수 있는 유방 조직이 더 많기 때문에 유방암 위험이 크고, 유방 촬영에서 하얗게 나타나기 때문에 정확한 판독이 어렵다(122쪽 참조).

일부 양성 유방 질환 병력이 있는 경우

유방의 유관이나 소엽이 비정상적인 크기로 자라는 비정형 유관 증식이나 비정형 소엽 증식과 같은 특정 양성 유방 질환은 유방암 발병률을 높인다. 소엽상피내암은 세포 모양이 암처럼 보이지만 소엽 외부로 퍼지는 침윤성 유방암으로 발전하지는 않는다. 하지만 소엽상피내암이 있으면 유방암 발병률이 높아진다. 소엽상피내암은 생체검사에서 우연히 발견되는 경우가 많다.

이른 사춘기와 늦은 폐경

월경을 일찍 시작했거나 폐경이 늦어지면 유방암 발병률을 높일 수 있다. 월경 주기와 관련된 호르몬에 더 많이 노출되기 때문이다. 배란 횟수가 많을수록 유방암 발병 위험은 더 커진다. 예를 들어 12세 이전에 초경을 하고 55세 이후에 폐경했다면 이 경우에 해당한다.

신장

키가 큰 여성은 작은 여성에 비해 유방암 위험이 높다고 한다. 정확한 원인은 아직 밝혀지지 않았다.

인종

미국의 경우 유방암 발병률은 백인보다 아프리카계 미국인이 더 높았다. 또한 유방암 진단을 받은 흑인 여성은 이 질병으로 사망할 확률이 더 높다는 통계도 있다. 특히 흑인 여성은 삼중 음성 유방암에 걸릴 확률이 높다. 삼중 음성 유방암이란 에스트로겐 수용체와 프로게스테론 수용체, 사람 표피 성장인자 수용체2(HER2)가 전부 음성인 유방암을 말한다(164쪽 참조). 이 유방암은 치료가 어렵고, 암세포가 더 공격적이며 재발 위험도 높다.

원인은 명확하게 밝혀지지 않았지만 인종적 편견과 의료 접근성의 차이를 포함한 여러 요인이 복합적으로 작용하는 것으로 보인다.

실제로 흑인 여성은 유방암이 비교적 많이 진행된 상태에서 발견되는 경우가 많다. 영국에서 유방암 3기나 4기를 진단받은 흑인 여성은 22~25%지만 백인 여성은 13%에 불과하다. 이는 흑인 여성이 유전자 관련 상담이나 검사를 받는 경우가 드문 것도 한 가지 요인으로 보인다. 유전자 검사 비율이 낮은 또 다른 이유로는 의료 전문가에 대한 접근성 부족, 언어 장벽, 인식 부족, 건강보험과 같은 경제적 요인 등이 있다. 또한 50세 이하에 유방암 진단을 받은 흑인 여성 약 400명을 조사한 결과 12.4%에서 BRCA1형과 BRCA2형 유전자 변형이 확인되었다. 그런데 이들 가운데 40%가 넘는 여성은 유방암이나 난소암 가족력이 없었다.

이러한 결과는 유방암 진단을 받은 흑인 여성의 의료 격차에 대해 더욱 적극적인 관심과 연구가 필요하다는 점을 시사한다. 모든 사람은 누구나 평등하게 최선의 치료를 받고 가능한 한 좋은 결과를 얻을 수 있어야 한다.

방사선 치료

젊은 나이에 림프종 등 다른 암을 치료하기 위해 방사선 치료를 받은 적이 있다면 유방암 발병 위험이 높아진다. 이 위험성은 방사선 치료를 받은 나이와 관련이 있으며, 특히 20세 이하의 나이에 방사선 치료를 받는 경우 유방암 발병률이 가장 높다.

디에틸스틸베스트롤에 노출된 경우

디에틸스틸베스트롤(DES)은 유산을 예방할 목적으로 1940~1970년대 사이 여성에게 널리 처방되었던 약물이다. 만약 본인이 DES를 복용했거나 어머니가 임신 중에 DES를 복용했다면 유방암 발병의 위험성이 높아진다. DES에 노출되지 않은 사람과 비교했을 때 유방암 발병률은 약 30% 증가한다.

당뇨병

제2형 당뇨병이 있는 여성은 유방암 발병률이 다소 높다고 알려져 있지만 아직 명확한 이유는 밝혀지지 않았다. 다만 비만과 과체중이 제2형 당뇨와 유방암 모두의 위험 인자라는 점에서 두 질환의 연결성을 설명할 수 있을 것으로 보인다.

조절 가능한 인자

유방암 발병 위험을 높이거나 줄일 수 있는 요인 중에서도 통제할 수 있거나 생활 방식과 관련된 것들을 살펴보자. 하지만 암에 걸리는 것은 절대로 여러분의 잘못이 아니라는 사실을 명심하자. 아무리 인생을 '(어떤 의미든 간에) 올바르게' 살아온 사람이라도 암에 걸릴 수 있다.

체중

유방암과 체중의 관계는 복잡하다. 지방 세포는 염증을 유발하기 쉬워 이로 인해 암 발병 위험이 커질 수 있다. 폐경 전에는 비만이나 과체중이 유방암 발병률을 높이지 않는다. 하지만 폐경(생리를 1년 정도 하지 않았을 때, 116쪽 참조) 후에는 이야기가 전혀 달라진다. 폐경 전에는 대부분의 에스트로겐이 난소에서 만들어지고, 일부는 지방 세포에서 생성된다. 하지만 폐경 후에는 난소가 더 이상 에스트로겐을 생산하지 않기 때문에 대부분의 에스트로겐은 지방 세포에서 만들어진다. 따라서 비만이나 과체중이라는 것은 몸에 지방 세포가 많다는 의미이고, 그만큼 에스트로겐이 더 많이 생성되어 유방암 발병률이 높아진다고 볼 수 있다. 과체중일 경우 인슐린 수치도 높아지므로 이 역시 유방암 발병 위험을 증가시킨다. 또한 체중은 암의 호르몬 수용체 양성 여부에도 영향을 주는 것으로 알려져 있다.

운동

규칙적인 신체 활동을 하며 활동적인 삶을 사는 사람은 유방암 발병 위험이 낮은 편이다. 일부 연구에 따르면, 규칙적인 운동은 유방암 발병률을 20~30%까지 낮출 수 있다고 한다. 빠르게 걷기처럼 노래를 부를 정도는 아니지만 대화는 나눌 수 있는 정도의 중강도 운동을 1주에 150분 정도 하면 도움이 된다. 아니면 고강도 인터벌 트레이닝이나 달리기처럼 강도가 높은 운동을 선호한다면 1주에 75분 운동을 목표로 해도 된다. 체중 부하 운동과 저항 운동을 병행하는 것이 가장 이상적이다.

그렇다고 해서 꼭 특정 운동일 필요는 없고, 여기서 소개한 운동이 아니어도 좋다. 잘할 필요도 없다. 중요한 것은 즐겁게, 꾸준히 할 수 있는 운동을 찾는 것이다. 수영이든 춤이든 근력 운동이든 즐겁게 할 수 있는 운동이라면 무엇이든 좋다.

· BMI와 암의 상관관계 ·

BMI(체질량 지수)가 건강의 척도로서 얼마나 유용한지에 대해서는 논쟁이 많다. 하지만 현재로서는 의학 연구에 활용되고 있고, 비만과 관련된 위험 요소를 어느 정도 가늠할 수 있는 지표로 사용된다. 50세 이상의 건강한 체중(BMI 지수 20~25)인 여성 100명 중 유방암 진단을 받는 사람은 약 9명이다. 반면 같은 나이대에 비만(BMI 지수 30 이상)인 여성 100명 중 유방암 진단을 받는 사람은 약 11~12명이다. 비만 여성의 경우 유방암 진단 사례가 2~3건 정도 더 많은 셈이다.

식단

일부 연구에서는 채소와 과일을 많이 섭취하고 가공육이나 붉은 육류 섭취를 줄이면 유방암 발병률 감소에 도움이 된다고 밝히고 있다. 하지만 모든 연구가 이를 뒷받침하지는 않으며, 식단과 유방암 발병률 사이의 상관관계는 여전히 연구 중에 있다. 암과 영양에 대한 유럽 전향적 연구(EPIC)에서는 10개국에서 약 52만 명의 사람들을 대상으로 식습관을 포함한 다양한 생활 방식과 암과의 연관성을 추적 조사하고 있다. 건강하고 균형 잡힌 식단은 전반적인 건강 상태와 장내 건강에 도움을 주며 다른 질병의 발병 위험도 낮출 수 있다.

음주

유방암 발병 위험은 알코올 섭취량이 많을수록 증가한다. 음주가 왜 유방암 발병률을 높이는지 완전히 밝혀진 것은 아니지만 알코올이 체내 에스트로겐 수치를 높이는 것과 관련이 있는 것으로 보인다. 음주를 전혀 하지 않는 여성과 비교했을 때 하루에 순수 알코올 10ml(알코올 1유닛)를 마시면 유방암 발병률이 7~10% 증가하고, 20~30ml를 마시면 20%가 증가한다. 매일 순수 알코올 20ml 이상을 마시는 여성은 그렇지 않은 여성에 비해 유방암 진단을 받은 사람이 100명당 3명이 더 많았다.

알코올 권장 섭취량 내에서 음주를 하면 많은 양을 섭취하는 사람보다는 유방암 발병률이 낮아지겠지만 완전히 금주하는 것만큼 효과가 있는 것은 아니다.

• 얼마나 마셔야 많이 마시는 걸까? •

영국 정부의 지침에 따르면 알코올 섭취에 있어서 '안전한' 수준은 없다. 남성과 여성 모두 1주에 14유닛, 즉 순수 알코올 140ml 이상 섭취하지 않도록 권장한다. 폭음을 피하고, 알코올 섭취를 쉬는 날이 있어야 한다.

와인 작은잔
(화이트 와인, 레드 와인, 로제 와인 125ml, 알코올 도수 12%)

1.5유닛

와인 1병
(750ml, 알코올 도수 13.5%)

10유닛

진, 보드카, 럼과 같은 증류주 1잔
(25ml, 알코올 도수 40%)

1유닛

맥주 1잔
(568ml, 알코올 도수 5.2%)

3유닛

- **음주와 유방암과의 상관관계**

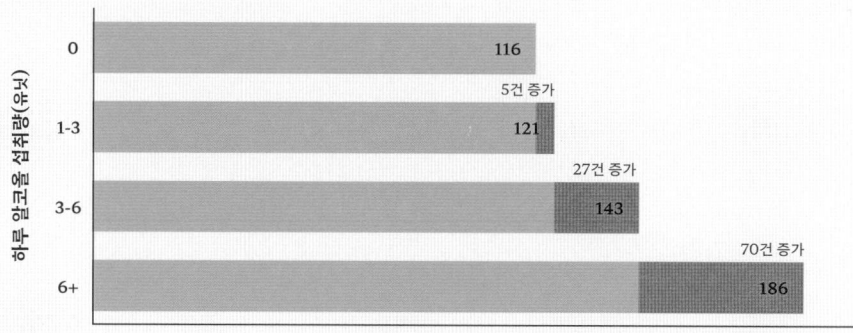

흡연

흡연은 유방암 발병 위험을 높인다는 일부 연구 결과가 있으며 유방암 진단을 받은 뒤에는 재발 우려도 커진다. 특히 청소년기부터 흡연을 시작했다면 위험성은 더욱 높아진다. 또한 유방암 가족력이 있는 경우에도 흡연이 발병률을 더욱 높일 수 있다.

금연을 하면 단순히 유방암에 걸릴 위험이 줄어드는 데 그치지 않고 심혈관이나 폐 질환은 물론이고 다른 암에 걸릴 위험도 함께 낮아진다. 흡연은 DNA(DNA에는 암 발생을 억제하는 유전자가 있다)를 손상시키며, 담배 속 화학물질은 이러한 손상을 복구하는 세포의 능력마저 방해한다.

임신

유방암과 임신 사이의 상관관계는 복잡하다. 30세 전에 첫 임신을 했다면 유방암에 걸릴 확률은 낮아진다. 반면 30세 후에 임신했거나 임신을 한 적이 없다면 유방암 발병률이 높아진다. 유방암 발병 위험은 임신 후 10년 동안 일시적으로 높아졌다가 이후 줄어든다. 그러나 많은 이들에게 임신을 할지 말지는 단순한 '선택'의 문제가 아닐 수 있다.

유산이나 임신 중절이 유방암 발병 위험을 높인다는 말을 들어 본 적 있을 것이다. 아마도 호르몬의 변화와 관련이 있다는 추측에서 비롯된 것으로 보인다. 하지만 다양한 연구를 통해 사실이 아님이 밝혀졌다.

모유 수유

모유 수유를 하면 유방암 발병 위험을 낮출 수 있다. 특히 1년 이상 모유 수유를 한 경우 유방암 발병률이 다소 줄어들었다. 이는 수유 기간 동안 생리 횟수가 줄어들기 때문으로 보인다. 하지만 모유 수유의 여부 역시 개인의 선택만으로 결정하기 어려운 문제일 수 있다.

호르몬 대체 요법과 피임이 유방암에 미치는 영향

호르몬 대체 요법을 받거나 호르몬 피임을 하면 유방암에 걸릴 위험이 커질까? 그 진실을 파헤쳐 보자.

호르몬 대체 요법

최근 들어 호르몬 대체 요법(HRT)이 유방암 발병률을 높이는가에 대한 논쟁이 주목을 받고 있다. 결론부터 말하자면 어떤 종류의 호르몬 요법을 사용하느냐에 따라 달라진다. 호르몬 대체 요법에 쓰이는 프로게스테론이 유방암에 영향을 줄 수 있기 때문이다. 따라서 호르몬 대체 요법의 종류뿐 아니라 연령대, 건강 상태 등 여러 요소를 함께 고려해야 한다.

유방암 위험 인자 중에서 여성이라는 성별 다음으로 가장 중요한 요소가 나이라는 점을 감안할 때 50대에 호르몬 대체 요법을 받은 여성은 더 고령에 호르몬 치료를 받은 여성보다 유방암 위험이 낮은 것으로 나타났다.

자궁이 없는 여성

자궁이 없는 여성은 에스트로겐 단독 요법을 사용할 수 있으며, 이 경우 유방암 발병률에 미미한 영향 혹은 아무 영향을 주지 않는다. 다만 에스트로겐 단독 요법이 유방암 예방에 효과적인지, 효과가 거의 없는지, 아니면 프로게스테론이 포함된 복합 호르몬 요법에 비해 예방 효과가 떨어지는지에 대해서는 연구마다 의견이 엇갈린다.

자궁이 있는 여성

이 경우 자궁암을 예방하기 위해 에스트로겐과 프로게스테론이 함께 사용된다. 1년 이하로 호르몬 대체 요법을 받은 경우에는 유방암 발병률이 높아지지 않으며, 치료 기간이 길어질수록 위험이 커질 수 있다. 복합 호르몬 요법은 에스트로겐 단독 요법에 비해 유방암에 걸릴 확률이 높고 어떤 프로게스테론이 사용되는지가 유방암 발병 위험에 영향을 준다. 합성 호르몬인 노르에티스테론이 포함된 호르몬 요법은 유방암 위험을 가장 높이는 것으로 나타났다. 반면 마이크로나이즈드(입자를 잘게 분쇄해 흡수율을 높이는 방식-옮긴이) 형태의 생체 동일 프로게스테론(상표명: 유트로게스탄)이 포함된 복합 호르몬 요법은 처음 5년간은 유방암 발병률을 높이지 않는 것으로 보이며, 이후에도 다른 종류의 프로게스테론에 비해 위험이 낮은 것으로 나타난다. 또한 이러한 위험성은 호르몬 대체 요법을 중단한 후 약 5년 이내에 감소한다.

폐경 후 질 건조, 성교통, 반복적인 요로감염과 같은 비뇨생식기 증후군을 치료하기 위해 사용하는 질 내 에스트로겐 요법도 유방암 위험을 높이지 않는다. 질 내 국소용 에스트로겐은 신체 전체에 영향을 주는 호르몬 요법과는 다르며 유방암 위험에서도 다른 양상을 보인다. 이 요법은 폐경 전후에 겪는 신체 전반적인 증상을 치료할 수는 없지만 삶의 질을 크게 향상시키는 변화를 안겨 줄 수 있다. 중요한 것은 호르몬 대체 요법이 유방암으로 인한 사망률을 높이지 않는다는 것이다. 복합 호르몬 요법으로 인해 위험이 조금 높아지는 것은 '호르몬 수용체 양성 유방암'이며, 대체로 치료가 어렵지 않은 편이다.

조기 폐경과 호르몬 대체 요법

만일 조기 폐경으로 인해 호르몬 대체 요법을 받았더라도 50세 전까지는 유방암 발병률이 높아지지 않는다. 이는 평균 폐경 나이까지 분비되었을 호르몬을 말 그대로 '대체'했기 때문이다.

유방암 발병 위험이 높은 사람이라면

호르몬 대체 요법을 할지 말지는 개인의 선택이다. 유방암 환자 중에 가족력이 있는 경우가 흔하기 때문에(145쪽 참조) 가족 중에 유방암 병력이 있다면 자신의 위험도를 미리 점검하는 것이 중요하다. 고위험군이라고 판단된다면 일반적으로 호르몬 대체 요법은 피한다(꼭 그런 것은 아니다). 특히 유방암 진단을 받은 후에는 보통 권하지 않는다. 대신 호르몬을 포함하지 않는 약물을 처방하거나 생활 방식을 개선하는 방법을 활용할 수 있다. 그러나 특수한 상황이라면 여전히 호르몬 요법을 처방하기도 한다.

호르몬 피임법

복합 경구 피임약은 유방암 발병률을 약간 높일 수 있지만, 보통 피임약 복용을 중단하고 10년 이내에 는 유방암 발병 위험이 평균 수준으로 돌아간다. 유방암의 위험이 소폭 상승할 수는 있지만 피임약의 장점도 함께 따져 볼 필요가 있다. 게다가 복합 경구 피임약은 자궁암과 난소암을 예방하는 데 도움이 된다.

30~39세 사이의 여성 1만 명 중 40명은 유방암에 걸린다. 최근 10년 가까이 경구 피임약을 복용한 같은 나이대의 여성 1만 명 중에서는 약 54명이 유방암에 걸렸다. 즉 복합 경구 피임약을 복용한 경우 유방암 발생이 1만 명당 14건이 더 많았다.

배란 횟수는 유방암 발병 위험과 연관이 있는 것으로 알려져 있다. 일반적으로 배란을 많이 할수록 유방암 발병 위험도 증가한다. 복합 경구 피임약은 배란을 억제하지만 에스트로겐과 프로게스테론을 포함하고 있어 오히려 유방암 발병률을 높일 수 있다. 이러한 이유로 복합 경구 피임약과 유방암 간의 상관관계를 정확히 파악하기는 어렵다.

프로게스테론만 포함하는 다른 형태의 호르몬 피임법도 존재한다. 여기에는 프로게스테론 단독 경구 피임약이나 피하 삽입형 피임 기구, 주사제, 자궁 내 장치(IUD)가 포함된다. 프로게스테론 단독 피임약이 유방암의 위험성을 높이는지는 아직 명확히 밝혀지지 않았고 이에 관해서는 추가적인 연구가 필요하다.

· 호르몬 대체 요법의 대안 ·

호르몬 대체 요법을 받을 수 없거나 받지 않기로 했다면 폐경 증후군을 치료하기 위해 호르몬을 포함하지 않는 약물을 처방받거나 생활 방식을 조절하는 방법을 활용할 수 있다. 전문가와 상의하자.

유방암에 관한 오해

"브라를 입으면 유방암에 걸릴 수 있다."

특히 와이어가 있는 브라를 입으면 신체의 림프 순환을 방해해 유방암을 유발한다는 이야기가 있다. 하지만 이를 뒷받침하는 증거는 없을뿐더러 그런 일이 발생한다는 과학적인 근거도 없다. 브라를 입는다고 해서 유방암 발병 위험이 높아지지는 않는다.

•

"인공 감미료가 유방암 위험을 높일 수 있다."

아스파탐 같은 인공 감미료를 섭취하면 유방암 발병률이 높아진다는 근거는 없다. 인공 감미료가 포함된 식품은 일일 허용량을 넘기지 않는 한 몸에 해를 끼치지 않는다. 가장 흔히 사용되는 아스파탐의 경우, 하루 권장 섭취량은 체중 1kg당 50mg이다. 즉 몸무게가 70kg인 사람은 하루에 3,500mg까지 섭취할 수 있다. 실제 식품으로 비교해 보면 다이어트 탄산음료 한 캔에 든 아스파탐의 평균 함유량은 약 200mg이다.

•

"땀 억제제와 데오도란트가 유방암 위험을 높일 수 있다."

땀 억제제와 데오도란트의 독소가 피부에 침투해 체내에 쌓이면 유방암을 유발할 수 있다는 말을 들어 본 적 있을 것이다. 그러나 이 주장을 뒷받침하는 근거는 없다.

•

"휴대폰이 유방암을 유발할 수 있다."

휴대폰이 유방암을 유발한다는 근거는 없다. 심지어 가슴 쪽 주머니에 넣거나 가방에 넣어 가슴 가까이 들고 다녀도 유방암 발병률을 높이지 않는다.

"스트레스가 유방암을 유발할 수 있다."

스트레스가 암, 특히 유방암 발병률을 높인다는 주장이 있다. 심리적 스트레스는 일상과 밀접한 연관이 있으므로 상관관계를 정확히 파악하기는 어렵다. 예를 들어 스트레스가 쌓여 알코올 섭취가 늘고 신체 활동이 줄어들면 유방암 발병 위험을 높일 수도 있다. 또 스트레스는 면역 체계에 영향을 주기 때문에 암 발병률을 높일지도 모른다. 하지만 현재로선 스트레스를 많이 받을수록 유방암에 걸릴 확률이 더 높아진다는 과학적인 근거는 없다. 스트레스는 만병의 근원이므로 마음의 건강을 잘 돌보고 인생의 행복을 찾으려는 노력이 중요하다.

●

"유방 보형물이 유방암 위험을 높일 수 있다."

실리콘이나 식염수로 만들어진 유방 보형물이 유방암 발병 위험을 높이지는 않는다. 하지만 매우 드물게 유방 보형물로 인해 '유방 보형물 관련 역형성 대세포 림프종(BIA-ALCL)'이라는 암이 생길 수 있다. 이 암은 대체로 보형물 주위의 흉터 조직에서 발생하며 혈액암인 비호지킨 림프종의 한 형태다. 하지만 유방 보형물을 삽입한 수십 만 명의 사람 중에서 매년 이 암으로 진단되는 사례는 10건도 되지 않을 만큼 매우 희소한 질병이다.

●

"콩을 많이 먹으면 유방암에 걸릴 수 있다."

한때는 콩으로 만든 식품을 먹으면 유방암에 걸릴 확률이 높아진다고 여겨졌다. 콩에 들어 있는 이소플라본의 화학 구조가 에스트로겐의 구조와 유사하다는 이유에서였다. 하지만 2021년 한 연구에서는 둘의 구조가 유사하긴 해도 체내의 모든 에스트로겐 수용체와 결합하는 것은 아니기 때문에 콩을 먹어도 유방암 발병률이 높아지지 않는다고 결론 내렸다. 또 다른 연구에서는 오히려 콩 식품이 유방암 발병률을 낮출 수 있다고 밝혔다.

유전자 돌연변이

인간의 신체는 매우 복잡하며 수천 가지 유전자가 모여 '당신'이라는 사람을 만들어 낸다.
이 중 일부 유전자는 유방암 발병률을 높일 수 있다. 지금부터 자세히 알아보자.

특정 질병에 대한 가족력이 있어 유전자 돌연변이를 걱정하고 있거나 암을 앓은 적 있는 친척이 암 유전자 보인자라는 말을 들어 본 적이 있을지도 모른다. 실제로 유방암 진단을 받은 사람 10~20명 중 1명은 유전자 돌연변이에 의해 발생한 것으로 나타난다. 하지만 유방암 발병률을 높이는 유전자가 있다고 해서 반드시 유방암에 걸리는 것은 아니다. 영국에서는 유방암이 가장 흔한 암이기 때문에 유방암 진단을 받은 사람의 가족 중에도 유방암 환자가 있는 경우가 많다. 그러나 이러한 가족력이 있다고 해서 반드시 유방암 위험을 높이는 유전자 돌연변이가 있다는 뜻은 아니다.

유전자 돌연변이의 가족력

잘못된 유전자를 반드시 어머니에게서만 물려받는 것은 아니다. 아버지를 비롯해 여러분과 유전자를 공유하는 다른 가족으로부터 받았을 수도 있다. 예를 들어 여자 형제가 유전자 돌연변이를 가지고 있다면 여러분에게도 있을 가능성이 있는데, 두 자매 모두 부모로부터 유전자를 물려받았기 때문이다. 다음의 조건 중 하나라도 해당된다면 유전자 검사를 권유받을 수 있다.

- 직계 가족(부모, 형제, 자녀)이 40세 이하에 유방암 진단을 받은 경우

정상 세포

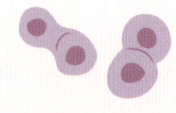   

암세포

분열과 성장을 멈추지 않는 암세포 | 세포의 크기와 모양이 다양하다 | 핵이 더 크고 어둡게 보인다 | 염색체 수가 비정상적이고 구조가 무질서하다 | 세포의 경계가 불분명하다

- 직계 가족이 나이 상관없이 양쪽 유방에 유방암 진단을 받은 경우

- 나이 상관없이 직계 가족 중 남자가 유방암에 걸린 경우

- 가족력이 복합적인 경우. 예를 들어 2촌 이내 가족 중에 유방암에 걸린 사람과 난소암에 걸린 사람이 모두 있는 경우, 유방암에 걸린 직계 가족이 2명이거나 직계 가족과 2촌 이내 가족 중에 각각 유방암에 걸린 사람이 있을 경우, 나이 상관없이 2촌 이내 가족 중에 유방암에 걸린 사람이 3명 이상인 경우가 해당된다.

유전자 검사를 받아야 할까?

당신에게 유방암 가족력이 있다면 의사는 유방암 가족력 클리닉으로 정밀 검사를 의뢰할 것이다. 위험도가 보통보다 높다고 판단되면 유전자 상담을 권유받을 수도 있다. 유전자 상담은 검사의 첫 단계다. 상담 당일이 되면 가족력을 살펴보고 유전자 검사의 장단점을 자세히 설명할 것이다. 이때 상의해야 할 중요한 문제는 검사 결과를 받은 뒤 어떤 선택을 할 것인가이다.

어떤 사람은 유전자 보인자 여부를 알게 되면 지금까지 불안과 스트레스를 안겨 주던 불확실함에서 벗어날 수 있어 도움이 된다고 한다. 반면 양성 판정이 나오면 불안감이 더 커지기 때문에 차라리 암 유전자 보인자라는 사실 자체를 모르고 싶어 하는 사람도 있다. 하지만 암 유전자 보인자라고 해서 반드시 암에 걸리는 것은 아니다.

유전자 검사에서 명확한 결론이 나오지 않는 경우도 있다. 예를 들어 검사에서 발견된 돌연변이가 유의미한지를 알 수 없는 때도 있는데, 이는 현재로선 해당 변이가 질병을 유발하는지가 불확실하다는 뜻으로 오히려 불안감을 증폭시킬 수 있다. 그럼에도 불구하고 유전자 검사의 한 가지 장점은 삶의 주도권을 쥔 듯한 느낌이 든다는 것이다. 검진을 더 자주 받고, 생활 방식을 바꾸고, 예방 치료를 받는 등 스스로 위험을 줄이기 위한 선택을 하게 될 것이다. 아울러 고려해야 할 중요한 요소는 검사 결과가 가족들에게 어떤 영향을 끼치는가이다. 예를 들어 형제자매 중 한 명이 양성 판정을 받았더라도 다른 가족 구성원은 검사 결과를 알고 싶어 하지 않을 수 있다(이 또한 존중받아야 할 권리다).

유전자 검사 자체는 빠르고 간단하다. 혈액이나 타액, 볼 안쪽 점막을 채취하는 등 과정은 단순하지만 결과가 나오기까지는 시간이 꽤 걸릴 수 있다. 과정이 간단해도 검사 결과가 미치는 영향력은 상당히 클 수 있으므로 충분한 시간을 가지고 전문가와 상담을 한 뒤에 결정하는 것이 중요하다. 가족 중에 유방암 진단을 받은 사람이 있다면 그 가족에게 먼저 유전자 검사를 권하는 편이지만 그럴 수 없는 상황이라면 여러분이 직접 검사를 받는 것도 방법이다.

양성 결과가 나왔다면

유방암 관련 유전자 보인자로 확인되었다면 이제 많은 사람이 알지 못하는 중요한 정보를 알게 된 것이다. 이제부터는 고위험군 검진 프로그램(157쪽 참조)에 의뢰되어 전문가의 안내와 도움을 받게 된다. 양성 판정이 나왔다면 147~149쪽에 정리해 놓은 생

활 방식과 관련된 위험 인자에 주목하자. 예를 들어 알코올 섭취를 줄이고 활동량을 늘리는 것만으로도 유방암 발병률을 낮추는 데 도움이 될 것이다.

검사 결과와 가족력, 개인의 선택에 따라 호르몬 치료(화학적 예방법)를 받을 수도 있다. 타목시펜이나 아로마타제와 같은 호르몬 약물을 복용해 유방암 발병 위험을 높이는 호르몬을 억제하는 예방법이다.

유방 조직을 제거하는 유방 절제술(165쪽 참조)이라는 예방적 수술을 선택할 수도 있다. 이 수술로 발병률을 97%까지 줄일 수 있으므로 위험성이 매우 낮아진다고 볼 수 있다. 어떤 유전자를 가지고 있느냐에 따라 난소를 제거하는 수술(난소 절제술)을 권유받을 수도 있다. BRCA1형이나 BRCA2형 유전자가 있는 경우 폐경 전에 난소를 제거하면 유방암 발병률이 거의 절반까지 감소하고, 난소암 발병률 또한 줄어든다. 폐경 이후에는 난소가 더 이상 에스트로겐을 생성하지 않기 때문에 난소를 제거하더라도 유방암 발병률에는 큰 영향을 주지 않지만 난소암 발병률은 낮출 수 있다. 또한 BRCA 유전자와 관련된 유방암은 에스트로겐 수용체에 반응하지 않는 경우가 많아 에스트로겐의 영향을 덜 받는다.

유전자 돌연변이의 유형

BRCA1형이나 BRCA2형

유방암 유전을 일으키는 가장 흔한 유전자 변형은 BRCA1형과 BRCA2형 유전자 돌연변이다. 이 유전자들은 단백질을 만들어 손상된 DNA를 회복시키는 역할을 한다. 하지만 이 유전자에 돌연변이가 생기면 세포가 계속 성장하면서 유방암을 유발할 수 있다. BRCA 유전자 돌연변이는 300~400명 중 1명꼴로 나타난다. 특히 아시케나지 유대인(유럽 중부와 동부에 정착해 살던 유대인 집단-옮긴이)에게서 가장 흔히 발생하며, 약 40명 중 1명꼴로 보고된다. BRCA1형이나 BRCA2형 유전자 돌연변이가 있는 여성은 80세 전에 유방암에 걸릴 확률이 10명 중 7명에 달하는 데 비해, 일반 여성은 평생 유방암 발병률이 7명 중 1명에 불과하다. 둘 중 하나의 유전자 돌연변이가 있다는 것은 젊은 나이에 유방암에 걸리거나 양쪽 유방에 유방암이 생길 확률이 높다는 의미이기도 하다.

PALB2

PALB2 유전자는 BRCA2형 유전자가 만들어 내는 단백질과 상호작용하는 단백질을 생성한다. 이 유전자에 돌연변이가 있으면 유방암 발병 위험이 커지지만 BRCA 돌연변이보다는 발생 빈도가 낮다.

TP53

TP53 유전자는 DNA가 손상된 세포를 성장하지 못하게 막는 역할을 한다. TP53 유전자 돌연변이가 유전되면 유방암뿐만 아니라 백혈병과 같은 다른 암 발병률도 높아진다.

ATM

ATM 유전자는 보통 손상된 DNA의 복구를 돕는다. 손상된 ATM 유전자 1개를 물려받으면 유방암에 걸릴 확률이 높아진다. 해당 돌연변이를 부모로부터 1개씩 물려받아 2개를 가지고 있으면 모세혈관 확장성 운동실조 증후군을 유발해 신경계와 면역계의 기능이 떨어질 수 있다.

PTEN

PTEN 유전자 돌연변이를 물려받으면 코든병을 유발할 수 있다. 코든병은 유방암뿐만 아니라 위암, 갑상선암 등 다른 암의 발병률도 높이는 희귀한 질환이다. PTEN 유전자는 세포 성장을 조절하는 일을 하기 때문에 PTEN 유전자에 돌연변이가 생기면 암을 유발할 수 있다.

CHEK2

이 유전자는 손상된 DNA를 복구하는 일을 한다. CHEK2 유전자 돌연변이가 유전되면 유방암에 걸릴 위험이 증가한다.

STK11

STK11 유전자에 돌연변이가 생기면 포이츠-제거스 증후군이라는 희귀한 질환이 생길 수 있다. 포이츠-제거스 증후군은 위장계와 비뇨기계에 폴립을 유발해 대장암과 같은 다양한 암뿐만 아니라 유방암에 걸릴 확률도 함께 높아진다.

CDH1

CDH1 유전자 돌연변이는 유방암과 위암 발병률을 높인다.

유방암 고위험군의 검진

유방암 검진은 대체로 50세부터 시작하지만 나라마다 시작 시기는 조금씩 다를 수 있다(119쪽 참조). 만약 유방암 고위험군에 속하면 좀 더 이른 나이에 검진을 받을 수도 있다. 유방암 가족력이 있어 본인이 유방암 고위험군이라고 생각된다면 의사와 상의하는 것이 좋다.

유전자 돌연변이 여부나 나이대, 가족력에 따라 검진 시기가 앞당겨지거나 검진 주기가 짧아질 수 있다. 영국에서는 유방암 가족력이 있으면 유방암에 걸릴 위험이 보통 이상이라고 판단해 40세 이상부터 매년 유방 촬영을 제공하고 있다. 40세 이하의 경우 유방 조직이 치밀해 유방 촬영으로는 정확히 판단하기 어렵기 때문에 대신 매년 MRI 검사를 제공하기도 한다.

만약 BRCA1형이나 BRCA2형(156쪽 참조)과 같은 유전자 돌연변이가 있으면 매년 MRI 검사를 권유받을 수 있다. 검사를 시작하는 나이는 어떤 유전자 돌연변이인지에 따라 달라지고 20세나 30세부터 시작하기도 한다.

미국에서는 유방암 고위험군이라고 판단되면 30세부터 매년 유방 MRI 검사와 유방 촬영을 받을 수 있다. 두 가지 검사를 동시에 받거나 6개월에 한 번씩 번갈아 가며 검사하기도 한다.

남성 유방암

유방암은 여성에게 훨씬 흔하게 나타나지만
성별 상관없이 발생할 수 있다.

미국에서는 남성 833명 중 1명꼴로 유방암 진단을 받았고, 영국은 남성 870명 중 1명꼴로 나타났다. 여성의 경우 미국은 대략 8명 중 1명이고, 영국은 7명 중 1명인 것과 비교하면 매우 큰 차이다. 일반적으로 남성의 유방암이 여성에 비해 예후가 좋지 않은 편인데, 이는 아마도 남성이 유방암을 비교적 늦게 진단받는 경우가 많기 때문으로 보인다. 남성은 자신이 유방암 위험군이라는 사실을 잘 모르기 때문에 자가 검진을 꾸준히 하지 않는 경우가 많다. 또한 정기 검진 대상자에 자동으로 등록되지도 않는다(119쪽 참조).

남성이 유방암에 걸렸을 때 나타나는 증상이나 징후는 여성과 유사하다(40쪽 참조). 남성 유방암의 대다수는 에스트로겐 수용체 양성으로 나타난다(164쪽 참조). 또한 남성은 여성에 비해 같은 쪽 유방에 다시 유방암이 생기거나 반대쪽 유방에 새로운 유방암이 생길 위험이 더 크다고 한다. 유방 부위에서 사소한 변화라도 발견했다면 의사의 진찰을 받아 보자.

치료 및 연구

남성 유방암 치료는 여성 유방암 치료(165쪽 참조)와 유사하다. 유방암에 관한 연구는 대부분 여성에 초점을 맞추고 있기 때문에 남성 유방암에 대해서는 더 많은 연구가 필요하다(일반적인 의학 연구나 과학 연구에서는 이와 반대로 남성을 중심으로 연구가 이루어지는 경우가 많다). 성별 이분법적인 연구와 의학은 남성과 여성 모두를 포용하지 못하기 때문에 이제는 그 틀에서 벗어나야 한다.

· **여성유방증** ·

남성의 유방 조직이 비대해지는 흔한 양성 질환이다(135쪽 참조). 하지만 다음과 같은 증상이 나타나면 비대해진 유방 조직이 암 때문일 가능성도 있다. 예를 들어 한쪽 유방만 커지거나 조직이 울퉁불퉁하고 단단한 경우, 겨드랑이 림프절이 비대해졌을 경우가 해당된다. 유방에 작은 변화라도 생기면 반드시 검사를 받아 보자.

유방암의 유형

유방암 유형에 대한 이해가 점차 넓어지면서
환자에게 가장 효과적인 치료법을 찾는 데 중요한 기반이 되고 있다.

비침윤성 유방암

제자리암종이라고도 하는데, 암세포가 생겼지만 아직 주위로 퍼지지 않은 암을 말한다. 주로 수술 치료를 하지만 방사선 치료를 함께 권하기도 한다. 침윤성 암이 없으므로 다른 유형의 암에 비해 예후가 좋은 편이다. 이 경우 암세포는 유관이나 소엽에 머물러 있다. 비침윤성 유관암(DCIS)은 비침윤성 소엽암(LCIS)에 비해 흔하게 나타난다(141쪽 참조). 비침윤성 유관암은 전체 유방암 사례에서 약 5건 중 1건 꼴로 나타나고, 침윤성 유방암의 전 단계로 간주되어 수술로 제거된다.

침윤성 유방암

암세포가 원래 조직을 넘어 주변으로 퍼져 나가는 암이다. 유관이나 소엽에서 암이 생겼다가 점차 커지면서 주변 유방 조직까지 침범하게 된다. 유방암 중에서 가장 흔한 유형은 침윤성 유관암으로(10건 중 약 8건) 유관에서부터 암세포가 자라 주변으로 퍼져 나간다. 대략 10건 중 1건은 유방의 소엽에서부터 암이 퍼져 나가는 침윤성 소엽암이다. 특히 침윤성 유방암은 림프절이나 유방 외의 다른 장기로 전이되었는지에 따라 더 세분화된다.

유방의 파제트병

파제트병은 유두 주위에 발생하는 암으로 유방암 중에서는 희귀한 유형에 속한다. 주로 증상이 나타난 유두 안쪽에 제자리암이나 침윤성 유방암이 함께 존재하는 경우가 많다. 자세한 내용은 134쪽을 참조하라.

염증성 유방암

공격적인 성격을 띠는 암으로 희귀한 유형의 유방암이다. 주로 젊은 여성과 흑인 여성에게 많이 나타나며, 유감스럽게도 진단 시점에는 이미 병이 진행된 경우가 많아 예후가 좋지 않은 편이다. 염증성 유방암의 징후와 증상에 관한 내용은 134쪽에서 확인할 수 있다.

유방암의 징후와 증상

유방에 만져지는 혹이 모두 유방암 때문은 아니므로 미리 겁먹을 필요는 없다.
하지만 유방에 작은 변화라도 생기면 반드시 의사의 진찰을 받아야 한다.

유방을 주기적으로 점검하고 어떤 상태가 '정상'인지 알고 있는 것이야말로 유방 건강의 핵심이다. 유방 점검에 대한 자세한 설명은 39~43쪽을 참조하라. 유방에 혹이나 발진이 생기는 이유는 매우 다양하다. 이러한 증상이 나타나는 양성 질환에 관해서는 7장에서 확인할 수 있다. 하지만 유방 부위에 새로운 변화가 생기면 반드시 검사를 받는다. 이제부터는 유방암일 가능성이 있는 징후와 증상에 대해 알아보자.

확인해야 하는 증상

- 유방에 새로운 혹이 생기거나 두꺼워진다.

- 유방의 모양이나 크기가 변한다. 유방 전체나 일부가 부어오른다. 또는 피부 안쪽에서 잡아당기는 것처럼 주름이 잡히거나 움푹 파일 수도 있다.

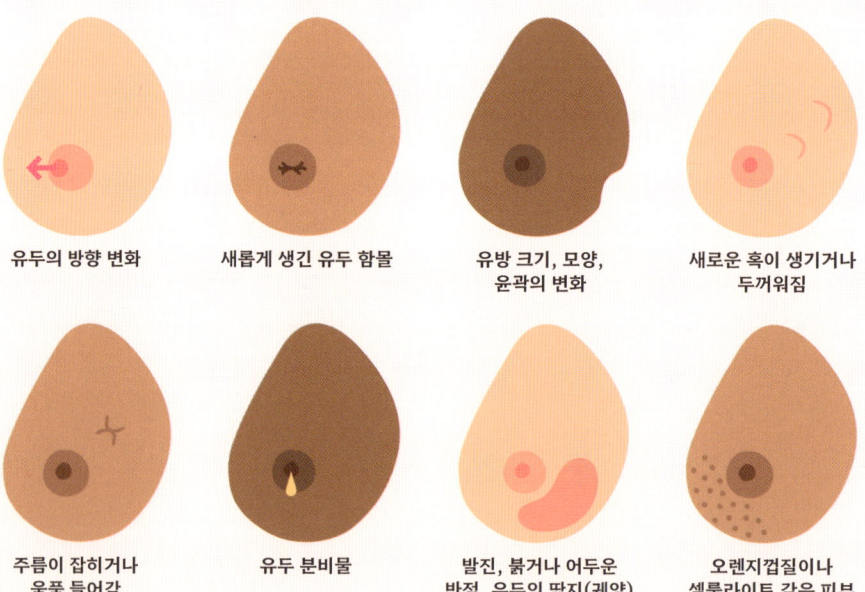

유두의 방향 변화 | 새롭게 생긴 유두 함몰 | 유방 크기, 모양, 윤곽의 변화 | 새로운 혹이 생기거나 두꺼워짐

주름이 잡히거나 움푹 들어감 | 유두 분비물 | 발진, 붉거나 어두운 반점, 유두의 딱지(궤양) | 오렌지껍질이나 셀룰라이트 같은 피부

- 유두가 함몰되거나 방향이 바뀌고 분비물이 나오는 등 유두에 새로운 변화가 생긴다.

- 붉어지거나 어두워지는 등 피부의 변화가 생긴다. 피부가 울퉁불퉁해져 '오렌지껍질 피부'나 셀룰라이트처럼 보인다. 피부에 새로운 발진이 생기거나 유방이나 유두에 딱지가 생긴다.

- 겨드랑이에 덩어리나 혹이 만져진다.

- 유방이나 유두에 통증이 느껴진다(보기 드문 유방암 증상).

유방암 진단은 어떻게 받게 될까?

이러한 증상들이 나타나면 먼저 병원에 진료 예약을 잡는다. 증상을 확인한 의사는 정밀한 검사를 위해 유방 전문 클리닉으로 연결해 줄 것이다(136쪽 참조). 만약 유방암이라는 진단이 나온다면 암세포가 전이되었는지 확인하기 위해 추가 검사가 이루어진다. 추가 검사로는 복부 CT 검사나 혈액 검사 등이 있다. 혈액 검사는 수술 전에 시행되는데, 현재로선 유방암에는 정확한 종양 표지자가 없어 혈액 검사만으로 유방암을 진단하기는 어렵다.

· 가망이 얼마나 있나요? ·

많은 환자들이 가장 먼저 하는 질문이다. "가망이 얼마나 있나요?" "살 확률은 얼마나 되나요?" 하지만 이 질문의 답은 암 진행 단계, 가족력, 환자의 건강 상태 등 여러 요인에 달려 있어 확실한 답을 내리기 쉽지 않다. 예후가 가장 좋은 것은 암 크기가 작고 다른 장기로 전이되지 않았을 때 발견한 경우다.

2019년 영국에서 유방암 1기 판정을 받은 환자들의 1년 생존율은 100%였다. 반면 4기 판정을 받은 환자들의 1년 생존율은 약 67%였다. 유방암 진행 단계에 관한 내용은 162쪽을 참조하라. 2013~2017년 사이에 유방암 진단을 받고 2018년까지 추적 조사한 여성 가운데 유방암 1기 판정을 받은 여성의 5년 생존율은 98%로 거의 전부였지만, 4기 판정을 받은 여성의 5년 생존율은 25%로 추정되었다. 유방암에 관한 연구가 계속 진행되고 있으므로 치료 성과는 앞으로 더 좋아질 것으로 기대된다.

유방암의 진행 단계

의사는 유방암의 진행 단계와 등급, 호르몬 수용체 여부에 대해 설명할 것이다.
이 용어들은 무엇을 의미하는 것일까?

당신이 어디에 사는지, 또 해당 지역 의료진에게 어떤 지침이 내려졌는지에 따라 상세한 내용은 조금씩 다를 수 있다. 하지만 암 진단을 받은 후에는 보통 암의 진행 단계와 등급, 원발성인지 속발성인지, 암이 주변 조직으로 전이되었는지, 호르몬 수용체에 반응하는지 여부에 대해 설명을 듣게 될 것이다.

암 진단을 받고 나면 복잡한 의학 용어들이 쏟아질 것이다. 의사의 말을 이해하지 못했다면 그냥 지나치지 말고 꼭 되묻길 바란다. 4기 암, 속발성 암, 후기 암, 전이성 암은 모두 비슷한 상태를 지칭하는 표현이다. 이 용어들은 암세포가 유방과 림프절을 넘어 다른 장기까지 퍼진 상태를 의미한다. 유방암 진단을 받은 사람 중 약 10%는 4기 유방암 진단을 받는다. 이런 경우라면 "완치할 수 없다"라는 설명을 들을 수도 있다. 하지만 그것이 곧 "치료할 수 없다"라는 의미는 아니다. 가능한 치료 방법이 여전히 존재하고, 예전보다 훨씬 더 많은 사람들이 암과 함께 살아가고 있다.

• 암의 진행 단계

단계별 숫자는 암이 전이된 정도를 나타낸다.
대부분의 암은 4단계로 구분하고 로마 숫자로
표기하기도 한다. 가끔은 단계를 더 세분화해
A, B, C 문자를 함께 사용하기도 한다.
예를 들어, 3B 단계로 표현한다.

Stage 1 OR I
크기가 2cm보다 작고,
종양이 처음 생긴
유방 안에만 머물러 있다.

Stage 2 OR II
크기가 5cm 이하거나
겨드랑이 림프절까지
전이된 경우 또는 둘 다
해당될 수 있다.

Stage 3 OR III
크기가 2~5cm이고,
겨드랑이 림프절까지
전이된 경우다. 피부와
같은 주변 조직에
전이되었을 수도 있다.
이 단계는 '국소 진행성
유방암'이라고도 한다.

Stage 4 OR IV
유방암이 처음 발생한
곳 외에 다른 장기까지
전이된 경우다. 이를
속발성 유방암 또는 전이성
유방암이라고도 부른다.

유방암의 진행 단계

T	N	M
T1 종양 크기가 2cm보다 작다	**N0** 림프절로 전이되지 않은 경우	**M0** 암이 전이되지 않은 경우
T2 종양 크기가 2~5cm	**N1** 림프절이 부풀어 올랐거나 암세포가 겨드랑이 림프절 1~3개에 전이된 경우	**M1** 암이 다른 장기로 전이된 경우
T3 종양 크기가 5cm 이상		
	N2 림프절이 서로 붙거나 주변 조직에 유착된 경우 또는 암세포가 겨드랑이 림프절 4~9개에 전이된 경우	
T4 종양이 피부나 흉벽까지 전이되었거나 염증성 유방암인 경우		
	N3 쇄골뼈나 가슴뼈 주변에 림프절이 부풀어 올라 만져지거나 암세포가 겨드랑이 림프절에 10개 이상 전이된 경우	

TNM 분류

의료진이 TNM 분류를 설명하거나 진료 기록에 적혀 있는 것을 보게 될 수도 있다. T 분류는 원발성 종양(암이 처음 발생한 자리의 종양)과 그 범위를 의미하고, 만약 주변 조직까지 퍼졌다면 어느 정도인지를 나타낸다. 이는 총 4단계로 구분한다. 숫자가 높을수록 암 크기가 크거나 피부 또는 흉벽까지 전이되었음을 알 수 있다. N 분류(총 4단계)는 만약 림프절까지 전이되었다면 몇 개나 전이되었는지를 나타낸다. 전이 여부를 의미하는 M 분류는 암이 다른 장기까지 전이되었는지를 나타내고, 이에 따라 0단계나 1단계로 나눈다.

(.)(.)

등급

의료진은 당신의 유방암이 몇 등급인지 알려 줄 것이다. 등급은 현미경으로 관찰한 암세포의 모양이 어떤지에 따라 구분한다. 등급이 낮을수록 암의 진행 속도가 느리고 공격성이 낮다.

일부 암은 자체적인 등급으로 구분하기도 하는데, 일반적으로는 다음 세 가지 등급으로 나눈다.

1등급: 암세포가 일반 세포와 매우 유사하게 생겼고 속도가 느리다.

2등급: 일반 세포와 모양이 다르고 정상 세포보다 성장 속도가 훨씬 빠르다.

3등급: 암세포가 매우 비정상적인 모양을 하고 있고 성장 속도도 매우 빠르다.

호르몬 수용체 여부

유방암은 암세포에 수용체가 존재하는지도 검사한다. 수용체가 있으면 호르몬이나 단백질이 암세포에 달라붙어 영향을 줄 수 있다. 호르몬 수용체 유무는 어떤 치료를 적용할지를 결정하는 데 중요한 기준이 된다. 예를 들어 '삼중 음성 유방암'은 다음의 호르몬이나 단백질 수용체가 모두 없는 암이다.

- **호르몬 수용체:** 유방암에는 에스트로겐이나 프로게스테론 호르몬 수용체가 있는 경우가 있다. 전체 유방암의 약 75%는 에스트로겐 수용체 양성이다. 에스트로겐 수용체가 있으면 에스트로겐을 차단하는 약물을 사용하는 치료가 가능하다.

- **HER2:** 사람 표피 성장인자 수용체2(HER2)는 암세포의 성장에 관여하는 단백질로 유방의 정상 세포에도 존재한다. 그러나 HER2 수용체 수치가 비정상적으로 높을 경우 이를 HER2 양성 유방암이라고 진단한다.

유방암의 치료

**모든 치료 과정은 환자마다 다르며 암의 진행 단계와 환자의 나이,
건강 상태, 개인의 선택에 따라 결정된다.**

다행히도 유방암의 새로운 치료법을 개발하거나 기존 치료법을 개선하기 위한 연구가 꾸준히 진행되고 있다. 환자에게 어떤 치료 방식을 권할지는 암의 진행 단계와 등급, 호르몬 수용체 유무에 따라 달라진다. 여기에 환자의 건강 상태와 나이, 환자 본인의 선택도 치료 과정에 영향을 준다. 궁금한 점이 있다면 의료진에게 최대한 많이 질문하자. 그래야 자신이 받게 될 치료의 장점과 위험성에 대해 충분히 논의할 수 있다. 멍청한 질문은 없다는 것을 꼭 기억하자. 질문을 잊어버릴 것 같다면 미리 적어 가거나 보호자와 함께 방문하는 것도 좋은 방법이다.

사람마다 암의 진행 단계와 등급에 따라 치료의 목표가 달라질 수 있다. 유방암 치료의 목표는 암을 완치하거나, 전이 속도를 늦추거나, 증상을 조절하는 것으로 나눌 수 있다.

암이 많이 진행된 상태라면 치료는 암을 통제하고 암세포의 전이를 막거나 늦추는 데 주력하게 된다. 또는 증상을 개선해 통증을 줄이고 삶의 질을 높이는 데 치료의 목적을 두기도 한다.

수술

의료진이 어떤 수술을 권할지는 암의 진행 단계, 유방 크기와 암세포 크기의 비교, 유방의 피부 상태, 평소 건강 상태, 흡연 여부에 따라 달라진다. 피부 상태를 결정하는 요인으로는 유전, 호르몬, 건조함, 유분, 과거의 유방 수술 이력 등이 있다. 건강한 피부는 회복이 빠르고 흉터가 많이 남지 않는다. 흡연은 피부 회복을 방해해 회복 반응이 떨어질 수 있으므로 어떤 수술을 선택할지에 영향을 주기도 한다.

유방 보존술

유방 보존술(덩어리 절제술)은 유방 크기에 비해 유방암의 크기가 작을 경우 권하는 방법이다. 이 수술의 목표는 유방은 남기면서 유방암을 최대한 많이 제거하는 것이다. 광범위 국소 절제술이라고도 부른다. 가능한 한 많은 암세포를 제거하기 위해 주변의 정상 조직 일부도 함께 절제하게 된다. 상황에 따라 유방 보존술은 방사선 치료가 병행되기도 하며, 두 가지 치료를 병행하면 유방 절제술과 유사한 치료 효과를 기대할 수 있다. 유방 절제술보다 회복 기간이 짧은 편이다.

유방 절제술

유방암이 생긴 유방을 전부 제거하는 방법이다. 유방 보존술을 고려하기에는 유방 크기에 비해 암의 크기가 너무 큰 경우 또는 유방암이 유방 중심처럼 유방 보존술을 시행하기 어려운 위치에 있는 경우에는 유방 절제술이 사용된다. 유방 재건술은 유방 절제

과 동시에 진행하기도 하고 절제술 이후에 따로 시행하기도 하며(165쪽 참조), 이는 유방 치료의 일환으로 여겨진다.

감시림프절 생검

유방의 림프액을 배출하는 림프절에 생체검사를 시행해 암세포가 전이되었는지를 확인하는 방법이다. 보통 다른 수술과 동시에 진행되지만 반드시 그런 것은 아니다.

겨드랑이 림프절 제거

암세포가 겨드랑이 림프절까지 전이된 경우 겨드랑이 림프절의 대부분은 수술을 통해 제거한다.

유방 재건술 또는 유방 보형물

유방 재건 수술을 받기로 했다면 이 역시 유방 치료의 연장선으로 간주된다. 자세한 내용은 192쪽에서 확인할 수 있다.

유방 절제술을 받은 후 유방 재건술은 하지 않기로 했다면 유방 보형물을 착용하는 방법도 있다. 자세한 정보는 183쪽을 참조하라.

방사선 치료

방사선 치료의 목적은 암세포를 파괴해 더 이상 증식하지 못하게 막는 데 있다. 고에너지 방사선을 활용하는 치료 방법으로, 보통 유방암 수술과 병행해 암 재발을 막기 위해 사용된다. 수술 후에 방사선 치료를 시행하는 경우는 보조 요법이라고 부르기도 한다.

· 의료진은 어떤 과정을 거쳐 치료 방법을 결정할까? ·

환자의 담당의는 유방외과 전문의나 종양내과 전문의(화학 요법처럼 약물을 사용하는 치료를 담당), 방사선 종양 전문의(방사선 치료 담당), 방사선 전문의, 유방암 전문 간호사 등 여러 분야의 전문가들과 정기적으로 회의를 한다. 이 회의를 통해 다양한 전문가들의 전문 지식을 종합해 환자에게 이상적인 치료법을 결정한다. 그 후에는 환자의 의사와 선택도 반영한다. 영국에서는 'Predict Breast'라는 컴퓨터 알고리즘을 활용하기도 한다. 이 알고리즘은 수천 명의 여성과 그들의 종양에 관한 정보가 담겨 있다. 이를 바탕으로 화학 요법과 호르몬 요법, 면역 요법의 효과를 비교하고 5년 또는 10년 뒤의 예후를 예측해 의사 결정에 도움을 준다. 또한 치료를 시작한 뒤에 나타나는 신체의 반응이나 부작용도 이후의 치료 방향을 결정하는 중요한 역할을 할 수 있다.

유방암의 치료

방사선 치료는 일반적으로 유방 보존술을 받은 후 4~6주 뒤부터 시행되며, 몇 주에 걸쳐 매일 병원을 방문해 짧은 시간 동안 치료를 받는다. 방사선 치료를 받기 전에 먼저 치료 부위를 정확히 확인하기 위해 CT 촬영을 한다. 이때 피부에 영구적인 작은 점을 문신 형태로 남겨서 위치를 표시하기도 한다. 만약 유방암이 왼쪽 유방에 있는 경우에는 방사선 치료를 받을 때 숨을 깊게 들이마신 채로 잠깐 숨을 참아야 한다. 이는 방사선 조사 부위로부터 심장을 좀 더 떨어뜨리기 위함이다.

방사선 치료 중에는 암세포 내부에 직접 조사하는 방법도 있다. 이 치료는 수술과 함께 시행하거나 근접 치료를 통해 방사성 물질을 넣은 작은 관을 암이 있던 자리에 일시적으로 삽입한 뒤 제거하는 방식으로 진행하기도 한다.

· 방사선 치료는 아플까? ·

방사선 치료는 통증이 없고, 특별한 느낌이 들지도 않는다. 다만 치료를 받는 동안 기계 위에 정해진 자세로 누워야 하는 불편함은 있을 수 있다. 방사선 치료를 받았다고 해서 몸이 방사성을 띠는 것은 아니기 때문에 치료를 받은 후에 다른 사람들과 함께 있어도 안전하다. 어린이나 임산부와 접촉해도 아무 문제 없다.

부작용

고에너지 방사선은 암세포를 파괴하지만 다른 정상 세포도 함께 손상시켜 부작용이 나타날 수 있다. 부작용은 방사선 치료를 멈춘 뒤 몇 주 내로 개선되는 편이다. 부작용 증상은 다음과 같다.

- **피로:** 방사선 치료를 받는 중이나 치료가 끝난 후 약 두 달까지도 피로감을 느낄 수 있다. 하지만 유방암 치료 이후에 피로가 장기적으로 지속되기도 한다. 피곤할 때는 휴식을 취하는 것도 좋지만 가벼운 신체 활동을 해줘야 에너지 회복에 도움이 된다.

- **피부 자극:** 방사선 치료를 받은 피부는 붉어짐, 가려움, 통증, 건조함 등의 증상이 나타날 수 있다. 물집이 생기거나 피부가 따가워질 수 있고(방사선 화상 또는 방사선 피부염), 피부색이 어두워지기도 한다. 드문 경우에는 피부의 얼룩이 영구적으로 남기도 한다. 치료 후 적어도 1년 동안은 직사광선에 노출되는 것을 피하고 자외선 차단 지수가 높은 자외선 차단제를 바르는 것이 좋다.

- **통증:** 치료를 받은 부위가 아프거나 부어오를 수도 있다.

- **유방의 직접적인 변화:** 방사선 치료의 장기적인 부작용 중에는 유방 자체가 변하는 경우도 있는데, 전보다 단단한 느낌이 들거나 크기가 작아질 수 있다. 또한 피부 아래의 혈관이 손상되어 피부 표면에 얇고 붉은 혈관이 보이는 '거미 정맥'이 나타나기도 한다.

- **가슴 통증:** 아주 드물게 왼쪽 유방을 치료하는 과정에서 방사선 치료가 심장이나 폐에 영향을 주거나

갈비뼈가 손상되는 경우가 있을 수 있다. 만약 가슴 통증이나 숨이 가빠지는 증상이 나타나면 의료진의 상담을 받는다.

화학 요법

암세포를 죽이거나 암세포의 증식을 늦추고 막기 위해 항암제를 사용하는 치료 방법이다. 이 치료는 수술 전 종양의 크기를 줄여 수술 범위를 작게 만드는 데 사용되기도 하며, 이를 신보강 화학 요법이라고 부른다. 혹은 수술을 받은 후 시행되기도 하는데, 너무 작아서 보이지 않지만 주변 조직에 넓게 퍼져 있을지 모르는 암세포를 파괴하기 위함이다.

화학 요법은 유방에 생긴 암세포가 다른 장기까지 퍼진 경우에 사용되기도 한다. 유방암 유형에 따라 적용되는 화학 요법의 종류가 달라지며, 일반적으로 정맥 주사로 주입하지만 경구약 형태로 복용하기도 한다. 약물마다 효과가 다르므로 다양한 종류의 항암제를 동시에 처방받을 수도 있다.

부작용

화학 요법의 종류에 따라 부작용이 나타나기도 한다. 가장 흔한 부작용으로는 탈모나 모발이 가늘어지는 증상이 있다(반드시 그런 것은 아니다). 이는 머리카락뿐만 아니라 온몸의 체모에 영향을 줄 수 있다. 두피로 가는 혈류와 항암제를 줄이기 위해 콜드캡(냉각 모자)을 사용하기도 하는데, 이 방법으로 효과를 본 환자는 약 절반 정도로 보고된다. 그 밖에도 메스꺼움, 구토, 소화불량, 설사, 변비, 두통, 구강염, 피부 건조함과 가려움, 근육과 관절의 통증, 피로 등의 부작용이 나타날 수 있다. 일부 환자들은 항암 치료 후 기억력과 집중력이 저하되는 '케모 브레인'이라는 증상을 경험하기도 한다.

어떤 부작용이든 의료진에게 자세히 설명해야 자신에게 가장 적합한 치료 방법을 찾아갈 수 있다. 대체로 부작용은 항구토제나 지사제 등으로 조절이 가능하다. 수분을 충분히 섭취하고 걷기와 같은 가벼운 운동을 하면 항암 치료의 부작용을 줄이는 데 도움이 된다.

화학 요법은 골수에도 영향을 줄 수 있어 백혈구 수가 감소해 심각한 감염으로 발전할 가능성이 커진다. 따라서 체온이 올라갈 때는 신속하게 의료진의 진찰을 받아야 한다. 전문 의료진에게 직접 연락하거나 지역 병원 또는 응급실을 찾아가는 방법도 있다. 이 외에도 적혈구 수가 감소해 빈혈이 생기기도 하고, 증상이 심할 땐 수혈이 필요할 수도 있다.

면역 요법

면역 체계가 직접 암을 치료하도록 자극하는 치료 방법이다. 면역 요법의 종류는 다양하다. 트라스투주맙(허셉틴이라고도 한다)은 HER2 수용체 양성인 유방암 치료에 사용된다. 이는 단클론 항체 약물로 암세포 표면에 달라붙어 암세포의 증식을 막는다. 면역 요법은 화학 요법과 함께 사용되기도 한다. 팔보시클립과 같은 CDK4/6 억제제는 전이성 유방암에 사용되는 표적 치료제다. 이 약물은 세포의 분열과 증식에 관여하는 단백질 작용을 방해함으로써 암세포가 자라지 못하게 한다. 경구약이나 정맥 주사의 형태로 처방한다.

호르몬 치료

유방암에 수용체가 있는지는 암세포가 프로게스테론이나 에스트로겐에 반응하는지에 따라 판단한다. 만약 호르몬에 반응한다면 호르몬 수치를 줄이는 약물을 사용해 암 재발을 억제할 수 있다. 폐경 전에는 에스트로겐과 프로게스테론이 주로 난소에서 만들어지지만 에스트로겐은 지방 조직 등 다른 조직에서도 만들어진다. 드물게는 호르몬 수용체가 없는 유방암에 호르몬 치료가 사용되기도 한다. 이 약물은 유방뿐만 아니라 신체 전반에 영향을 줄 수 있어 폐경 증상이 나타날 수 있다.

에스트로겐 차단제

가장 흔하게 사용되는 호르몬 치료제는 타목시펜(선택적 에스트로겐 수용체 조절제)으로 에스트로겐이 암세포에 작용하지 못하도록 차단하는 역할을 한다. 타목시펜은 대개 전이되지 않은 1차 유방암 치료가 끝난 뒤 5~10년 동안 복용한다. 주로 폐경 전 여성에게 처방되지만 폐경 후 사용되기도 한다. 다른 장기까지 전이된 유방암의 경우에도 효과가 있는 한 계속 복용할 수 있다.

아로마타제 억제제

아로마타제 억제제 치료는 에스트로겐 수치를 낮춘다. 종류로는 레트로졸, 아나스트로졸, 엑스메탄 등이 있으며 폐경이 지난 여성에게 사용된다. 폐경 후에는 난소에서 더 이상 에스트로겐을 생성하지 않지만 지방 조직에서 소량의 에스트로겐이 만들어진다. 아로마타제 억제제는 바로 이 지방 조직에서 에스트로겐을 생성하지 못하도록 억제하는 역할을 한다. 타목시펜 약물을 사용하다가 폐경이 지난 뒤에는 아로마타제 억제제로 바꾸는 경우도 있다.

생식샘자극호르몬방출 호르몬 유사체

고세렐린(졸라덱스) 주사제 등의 생식샘자극호르몬 방출 호르몬(GnRH) 유사체는 폐경 전 여성에게 주로 사용된다. 이 주사제를 맞으면 배란이 멈춰 에스트로겐과 프로게스테론의 생성이 억제된다. 아로마타제 억제제 등 다른 치료와 함께 사용되기도 한다.

난소에 영향을 주는 치료법

수술로 난소를 제거하거나 방사선 치료로 난소의 기능을 중단시키는 방법도 호르몬 치료의 일종으로 간주된다. 이와 같은 치료를 받으면 난소에서는 더 이상 에스트로겐을 생성할 수 없다.

사전 재활 – 수술 전 관리

유방암 진단과 치료를 받는 것만으로도 충분히 힘든 시간이 될 수 있다.
이 단계에서 가능한 한 좋은 컨디션을 유지하기 위해 무엇을 할 수 있는지 살펴보자.

사전 재활이란 치료에 들어가기 전 신체 상태를 되도록 건강하게 유지하기 위한 몸 관리를 의미한다. 이는 알코올 섭취를 제한하고, 건강한 식단을 지키며, 적절한 신체 활동을 하고, 흡연자라면 금연하는 것을 의미한다. 이 모든 준비는 치료의 부작용을 잘 관리하고 회복 속도를 높이는 데 도움이 된다.

운동

유방암 진단을 받은 환자에게는 운동이 버겁게 느껴질 수 있지만 운동의 장점은 매우 많다. 물론 운동을 해도 안전한지 걱정이 앞설 수 있지만, 우리 몸은 적절한 신체 활동을 유지할 때 신체적·정신적으로 많은 이점을 얻을 수 있다. 이는 암 진단과 치료를 받는 상황에서도 마찬가지다. 암을 치료 중이거나 암과 함께 살아가고 있는 경우에도 규칙적인 운동을 통해 다양한 이점을 얻을 수 있으며 이로써 삶의 질 또한 향상될 것이다. 규칙적인 운동은 인지 기능을 향상하고 피로감과 불안, 우울감을 줄이며 근육량 증가와 부작용 감소를 통해 전반적인 신체 건강에도 긍정적인 영향을 준다. 실제로 미국 임상종양학회는 2022년 지침을 통해 전이되지 않은 초기 유방암 환자에게 신체 활동을 권유해야 한다고 명시하고 있다. 이미 규칙적인 운동을 하고 있다면 몸에 무리가 가지 않는 한 계속 유지하자. 평소 하던 운동을 그대로 지속하는 것도 좋다. 스트레스와 불안을 낮추고 숙면에도 도움이 될 것이다. 지금 하는 운동이 괜찮은지 염려된다면 의사와 상의하자.

수많은 연구를 통해 규칙적으로 운동을 하면 재발 위험과 유방암으로 인한 사망률이 최대 50%까지 줄어든다는 사실이 밝혀졌다. 운동을 처음 시작한다면 걷기나 스트레칭과 같은 가벼운 운동부터 시작한다. 운동을 하면 신체 건강에 도움이 될 뿐 아니라 숙면을 유도하고 엔도르핀 분비를 통해 기분도 좋아질 수 있다.

**규칙적인 운동은 재발 위험과
유방암으로 인한 사망률을 낮춘다.**

(.)(.)

재활 치료 – 수술 후 관리

자신에게 관대해지자.
이제 막 힘든 수술을 마친 당신의 몸은 휴식할 시간이 필요하다.

재활 치료는 수술 후 회복을 의미한다. 수술 후에는 무엇보다도 식사를 잘 챙기고 충분한 휴식을 취해야 한다. 또한 자주 걸어야 활동량을 유지할 수 있고 변비와 같은 진통제 부작용을 해결하는 데도 도움이 된다. 부작용을 관리할 방법은 매우 다양하므로 참지 말고 의료진에게 조언을 구하자.

수술 후 첫 6주 동안 수술한 쪽 손으로는 2~3kg(물이 가득 든 주전자 무게)보다 무거운 물건은 들지 말아야 한다. 6주 동안은 힘이 많이 드는 무리한 활동(심지어 청소기 돌리는 것도 포함된다!)은 피하고 이후부터 서서히 운동량을 늘려 간다. 만약 어떤 움직임 때문에 통증이 생기거나 수술 부위가 부풀어 오르면 당장 그만두어야 한다. 뜨개질처럼 가벼운 반복적인 움직임도 통증과 부기를 유발할 수 있다. 운전을 다시 시작할 수 있는 시기도 수술한 범위에 따라 달라진다.

회복 운동

유방암 수술이나 방사선 치료를 받은 후에는 회복에 도움이 되는 운동을 안내받게 될 것이다. 회복 운동으로 얻을 수 있는 장점은 매우 많다.

- 팔과 어깨의 가동 범위를 되찾을 수 있다.

- 겨드랑이 막 증후군 증상을 줄일 수 있다(178쪽 참조).

- 수술 후 등 통증을 줄이고 예방한다.

- 혈액 순환과 회복에 도움이 된다.

- 장기적으로 가동성을 유지하지 못하거나 근육 경직 문제를 예방할 수 있다.

- 림프 부종(177쪽 참조)의 위험을 줄일 수 있다.

- 필요한 경우 방사선 치료에 앞서 경직도를 줄이고 유연성을 늘리는 데 도움이 된다. 그래야 방사선 치료를 할 때 요구하는 자세를 정확하게 유지할 수 있고 빠른 회복에도 도움이 된다.

언제부터 시작해야 할까?

담당의와 간호사, 물리치료사를 비롯한 전문가들이 개인별 상태에 맞는 정보와 지침을 안내할 것이다. 의료진의 허락이 있기 전까지 운동을 시작하지 말고 편안히 휴식을 취하자. 수술 종류에 따라 수술한 바로 다음 날부터 가벼운 운동을 권하는 경우도 있다. 팔의 가동 범위가 정상으로 돌아올 때까지 운동을 꾸준히 해야 하며, 완전히 회복하기까지는 몇 달 정도 걸릴 수 있다. 만약 수술 부위에 감염이 생기면 잠시 운동을 쉬는 것이 좋다.

(.)(.)

깊은 호흡 운동부터 시작하자. 호흡 운동은 많이 하면 할수록 좋다. 일반적으로는 가벼운 운동부터 시작해 서서히 강도를 높이기를 권장하지만 정확히 언제부터 운동이 가능한지, 어떤 운동을 해도 되는지는 수술과 치료법에 따라 달라질 수 있다. 수술 후 배액관이나 봉합실이 남아 있는 경우도 있고, 유방 재건술을 받았거나 수술 부위가 겨드랑이까지 넓은 경우도 있다. 아래의 운동 방법은 예시에 불과하며 의료진으로부터 어떤 운동이 적합하고, 언제부터 하면 좋은지, 얼마나 반복해야 하는지에 대해 자세한 설명을 듣게 될 것이다.

가벼운 운동

깊게 호흡하기

폐를 활짝 열고 긴장을 완화하는 데 효과적인 운동이다. 눕거나 앉은 상태에서 해도 좋다. 편한 자세를 찾아보자.

1. 코로 천천히 깊게 숨을 들이마시면서 유방과 배를 최대한 빵빵하게 부풀려 보자.

2. 입으로 천천히 숨을 내뱉는다. 이 과정을 몇 분 동안 반복한다.

어깨 돌리기

목과 어깨에 남아 있는 긴장과 경직을 풀어내기에 좋다. 앉은 자세나 선 자세에서 시도해 보자.

1. 어깨가 귀에 닿을 듯이 으쓱 올린 다음 힘을 툭 풀어낸다. 팔은 긴장을 풀고 편하게 내려놓는다.

2. 어깨를 올리면서 숨을 들이마시고, 내리면서 숨을 내쉰다. 의료진이 안내한 횟수만큼 반복한다.

3. 이번에는 어깨를 위로 들어 올렸다가 뒤쪽으로 둥글게 돌리며 내린다. 팔은 긴장을 풀고 편안한 상태를 유지한다.

4. 의료진이 안내한 횟수만큼 반복하면서 서서히 어깨의 긴장을 푼다.

> **· 안전을 위한 팁 ·**
>
> 수술 후 처음 2주 동안은 팔을 어깨 높이보다 위로 올리지 않도록 주의한다. 이 운동을 할 때 통증이 있어선 안 되지만 근육이 약간 늘어나거나 당겨지는 느낌은 들 수 있다. 단 통증이나 불편한 느낌이 들 때 '끝까지 참으며' 억지로 동작을 해서는 안 된다. 가동 범위는 몇 주에 걸쳐 서서히 늘어날 수 있으므로 조급해하지 말자. 머리를 빗는 것도 좋은 운동이 될 수 있다는 점을 기억하자!

재활 치료 - 수술 후 관리

팔 굽히기

이 운동은 팔꿈치와 팔, 어깨의 움직임이 부드러워지는 데 도움이 된다.

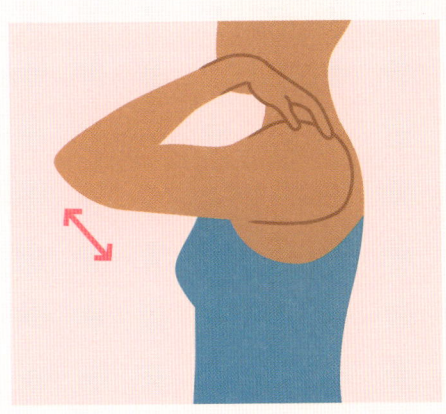

1. 팔꿈치가 앞을 향하도록 손을 어깨 위에 올린다. 팔꿈치를 굽힌 상태에서 팔을 앞으로 들어 올리며 몸과 직각이 되도록 유지한다. 이때 팔을 어깨보다 높게 올리지 않도록 주의한다. 자세를 유지한 뒤 천천히 팔을 내린다.

2. 이번에는 팔을 바깥쪽으로 돌린 상태에서 시작한다. 이어 손을 어깨 위로 올리면서 팔꿈치를 옆으로 굽힌다. 자세를 유지한 뒤 옆으로 서서히 팔을 내린다.

3. 의료진이 안내한 횟수만큼 반복하며 팔과 어깨의 긴장감을 풀어 준다.

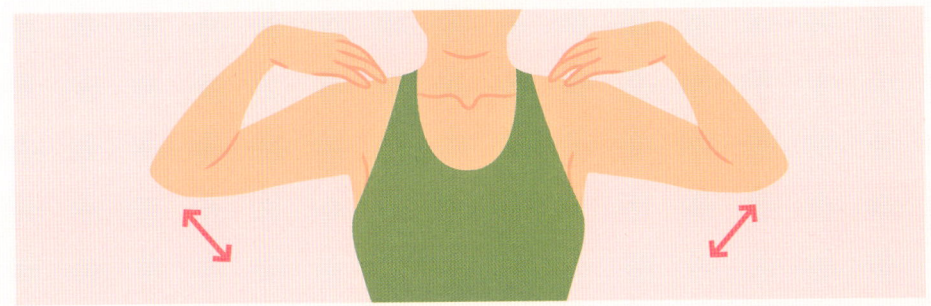

'브라 입기' 스트레칭

1. 팔을 편안하게 양옆으로 들어 올린 다음 아래로 내리며 팔꿈치를 굽힌다(허수아비 자세처럼 된다).

2. 마치 브라 후크를 채우거나 등을 긁는 것처럼 등 뒤에 손을 올린다. 자세를 유지한 후 팔을 내리고 휴식을 취한다. 안내한 횟수만큼 반복한다.

이 동작이 어렵다면 처음에는 한쪽 팔씩 번갈아 가면서 연습하다가 점차 양쪽 팔을 동시에 올릴 수 있도록 가동 범위를 늘린다. 단 자세가 불편할 정도로 무리하게 시도하지는 않는다.

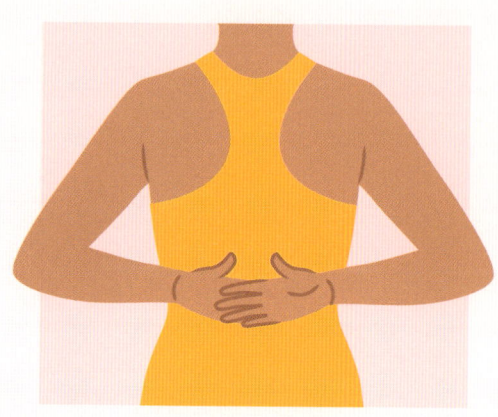

선베드 스트레칭

앉거나 누운 자세에서 시작한다. 누운 자세에서 하는 경우, 처음에는 팔꿈치가 바닥에 닿을 정도로 활짝 펼치는 동작이 어려울 수 있다. 자신에게 불편하지 않은 동작까지만 시도한다.

1. 팔을 들어 머리 뒤에 손을 올리고 팔꿈치는 바깥으로 향하게 한다. 이어 선베드에 누운 것처럼 팔꿈치를 양옆으로 활짝 연다.

2. 팔꿈치가 앞을 향하게 돌아왔다가 다시 활짝 펼치기를 반복한다.

3. 앉은 자세에서 이 스트레칭이 익숙해졌다면 팔꿈치를 양옆으로 벌리고 정면을 바라본 상태에서 몸을 좌우로 번갈아 숙이는 연습을 해본다.

(.)(.)

심화 운동

벽 오르기

1. 벽에서 조금 떨어진 곳에서 벽을 바라보고 선 뒤 두 손으로 어깨 높이의 벽을 짚는다. 스트레칭 되는 느낌이 들 때까지(통증은 없어야 한다) 손가락이나 손바닥으로 벽을 따라 천천히 위로 올라간다. 그 자세에서 10초 동안 머물렀다가 다시 내려온다. 이 동작을 반복해 점차 높은 위치에 도달할 수 있도록 연습한다.

2. 이번에는 몸을 옆으로 돌린 상태에서 진행한다. 유방암 수술을 받은 쪽이 벽을 향하도록 한다. 수술한 쪽 팔꿈치를 몸 가까이 붙인 채 손으로 벽을 짚는다. 이어 손가락이나 손바닥으로 벽을 따라 천천히 위로 올라가며 팔꿈치가 똑바로 펴지도록 한다. 통증 없이 스트레칭이 되는 느낌이 드는 위치에서 잠시 멈춰 10초 동안 자세를 유지한 뒤 다시 아래로 내려온다. 이 동작을 반복한다. 두 가지 동작을 할 때는 머리를 반듯하게 세워 앞을 바라본다.

3. 정면으로 방향을 바꿔서 할 수도 있다. 책상에 앉아 앞쪽으로 손을 걸어가듯 움직이면 된다.

선베드 스트레칭 심화 동작

1. 손을 머리 뒤에 대고 누운 다음 선베드에 누운 것처럼 팔꿈치를 양옆으로 활짝 연다.

2. 팔꿈치를 바닥 쪽으로 누른 상태에서 10초 동안 유지했다가 힘을 풀고 휴식을 취한다.

양팔 올리기

앉거나 누운 상태에서 진행한다.

1. 먼저 어깨의 긴장을 푼 다음 두 손을 깍지 낀 채 앞으로 뻗는다.

2. 깍지를 낀 상태에서 두 팔을 머리 위로 올린다. 10초 동안 자세를 유지했다가 시작 자세로 돌아온다. 전문가가 안내한 횟수만큼 반복한다. 두 손 사이에 막대기나 자를 잡고 하면 동작이 좀 더 수월하다.

어깨 조이기

앉거나 선 자세에서 진행한다.

1. 손을 가볍게 어깨 위에 올린다.

2. 견갑골을 조이면서 팔꿈치를 아래로 내린다. 이 동작을 할 때는 어깨를 으쓱하지 않도록 주의한다. 권장 횟수만큼 반복한다.

옆구리 늘리기

앉거나 선 자세에서 진행한다.

1. 양팔을 천천히 머리 위로 올린 다음 두 손으로 깍지를 낀다.

2. 좌우를 번갈아 가면서 천천히 몸을 옆으로 숙인다.

흉터 관리

수술을 마치고 집으로 돌아왔다면 이제는 회복에 전념할 시간이다.
수술 후 흉터를 관리하는 법에 대해 알아보자.

유방암 수술이 끝나면 흉터 부위에 방수가 되는 드레싱을 붙여 줄 것이다. 의료진은 언제부터 샤워나 목욕을 할 수 있는지, 드레싱은 언제 제거해도 되는지를 안내한다. 봉합실을 제거하거나 드레싱을 교체하기 위해 병원을 다시 방문하는 경우도 있다.

드레싱을 제거하고 상처가 아문 뒤에는 환자 개인의 상태에 따라 추가적인 관리 방법을 안내받을 수 있다. 일반적으로는 상처 부위를 평소처럼 씻어도 무방하다. 수술한 부위는 깨끗하게 씻은 후 손으로 가볍게 두드리면서 물기를 제거하는 것이 좋다. 이때 상처 부위를 문지르지 않도록 유의해야 한다. 한 번 사용한 드레싱이나 거즈, 밴드는 재사용하지 않고 새 것을 붙인다. 또한 딱지를 긁거나 뜯어내지 않는다.

마사지

상처가 아물었다면 흉터 부위의 피부가 부드럽고 유연하게 유지되고 움직임이 제한되지 않도록 마사지를 해주면 좋다. 일반 보습제를 사용해 손가락이나 손바닥의 평평한 부분으로 흉터 부위를 마사지한다. 마사지는 흉터 부위의 통증이나 얼얼한 증상을 완화하는 데 도움이 된다. 무감각한 증상에도 효과가 있을 수 있지만 일부는 영구적으로 남는 경우도 있다. 흉터가 손이 닿기 어려운 곳에 있다면 다른 사람에게 마사지를 부탁하는 것이 좋다. 흉터 크기를 줄이기 위해 의료진이 마이크로포어 테이프나 실리콘 테이프 사용을 권할 수도 있다.

수술 합병증

모든 수술에는 출혈과 혈전, 상처 감염 등의 위험이 따르지만 이러한 위험을 최소화하기 위해 충분한 예방 조치가 취해진다.

수술 후에는 수술 부위 조직에 액체가 고이는 장액종이 발생할 위험이 있다. 장액종이 생기면 흉터 부위가 부어오른 상태로 가라앉지 않고 움직임이 제한되거나 불편해질 수 있다. 대부분의 장액종은 일정 시간이 지난 후 자연스럽게 흡수되지만 통증이 심하면 배액이 필요할 수도 있다.

· 위험 신호 ·

흉터 부위가 심하게 부어오르거나 붉어짐,
열감, 통증 등의 감염 증상이 생기면
최대한 빨리 진찰을 받아야 한다.

(.)(.)

치료 후 합병증

유방암 수술이 끝난 후 합병증이 따라오기도 한다.
합병증을 줄이는 방법에 대해 알아보자.

림프 부종

유방 수술 후 림프액이 차올라 팔과 손이 붓는 증상이다. 이는 림프관이 손상되었거나 수술 도중 림프절이 제거되었기 때문에 발생한다. 수술 범위가 넓을수록 발생하기 쉬워 림프절 몇 개만 제거하는 감시림프절 생검보다 림프절 대부분을 제거하는 겨드랑이 림프절 절제술에서 2~3배 더 많이 관찰된다. 방사선 치료 역시 림프 부종의 위험이 크다.

유방암 수술 후 대략 5명 중 1명은 림프 부종을 겪는다. 림프 부종이 수술 후 며칠 만에 생길 수도 있지만 증상이 나타나기까지 몇 달 혹은 몇 년이 걸리는 경우도 있으므로 언제라도 염려되는 부분이 있다면 담당의와 상의하자.

수술 후 첫 4~6주 동안은 유방과 팔의 부기가 자연스럽게 생길 수 있다. 따라서 림프 부종의 주요 증상에 대해 미리 알아두는 것이 중요하다.

증상

림프 부종이 생기면 손이나 팔, 유방 어느 부위에서든 부기가 나타날 수 있고 피부가 당기거나 불편하게 느껴지고, 근육이 뻣뻣하거나 경직되며, 무거운 느낌이 들 수 있다.

옷이나 액세서리가 작아진 느낌이 들거나 입고 벗기가 어려워진다.

예방법

- 평소와 똑같이 팔을 사용하며 활동성을 유지한다. 172~175쪽의 가동성 늘리기 운동을 따라 하자.

- 건강하고 균형 잡힌 음식을 먹고 염분이 많은 음식은 피한다. 물을 충분히 마셔 수분을 보충한다.

- 림프 부종을 유발할 수 있는 피부 감염은 최대한 조심한다. 정원을 가꿀 때는 장갑을 착용하거나 벌레에 물리지 않도록 벌레 퇴치제를 뿌리고, 베이거나 긁힌 상처는 깨끗하게 관리하며, 보습제를 발라 피부를 촉촉하게 유지한다.

- 자외선 차단제를 바른다. 햇볕에 피부가 그을리면 림프 부종의 위험이 커진다.

- 혈압을 재거나 혈액 검사를 받아도 되지만 가능하면 수술하지 않은 쪽 팔을 사용하는 것이 좋다.

치료법

전문 의료진이 림프 부종을 관리하는 방법에 대해 자세히 설명해 줄 것이다. 림프 부종을 완전히 치유하는 약은 아직 개발되지 않았지만 증상을 완화하는 방법은 있다. 다른 신체 부위의 림프절을 겨드랑이로 이식하거나 림프관을 재건하는 수술이 개발 중에 있으므로 앞으로는 더 좋은 치료법이 나올 것으로 기대된다. 현재로서 림프 부종을 관리하는 방법은 다음과 같다.

- **림프 배액 마사지(MLD)**는 팔의 림프액이 배출될 수 있도록 손으로 부드럽게 마사지한다.

- 장갑이나 슬리브, 붕대와 같은 **압박 의복**을 착용한다. 말리거나 주름이 생기지 않도록 조심스럽게 착용해야 한다. 그래야 착용한 부위에 과도한 압박이 가해지지 않는다.

- **키네시오 테이프**가 적합한 경우도 있다. 림프액이 잘 순환할 수 있도록 테이핑한다.

겨드랑이 막 증후군

유방암 수술 후 나타날 수 있는 증상으로 정확한 원인이 밝혀지진 않았지만 섬유화로 인해 좁아진(흉터가 생긴) 림프관 때문인 것으로 보인다. 겨드랑이부터 팔 안쪽까지 피부 아래에서 팽팽한 끈이 당기는 듯한 증상이 나타나고 통증과 불편함을 유발할 수 있다.

증상

통증이 생기거나 팔의 움직임이 제한되어 머리 위로 손을 올리지 못하기도 한다.

치료법

172~175쪽의 운동 방법이 증상을 완화하는 데 도움이 된다. 이 운동을 할 때 통증은 없이 뚝 끊어지는 느낌이나 팍 터지는 소리가 날 수 있는데, 섬유화된 림프관이 풀리면서 나타나는 현상이다. 그 후에는 전보다 팔을 더 잘 움직일 수 있을 것이다. 물리치료사가 굳은 조직을 풀기 위해 마사지를 해주거나 스트레칭을 도와줄 수도 있다.

유방 절제술 후 통증 증후군

유방 절제술 후 통증 증후군(PMPS)은 보통 유방 절제술을 받은 여성 20~60%가 겪는 증상이지만 유방 보존술을 받은 후에 나타나기도 한다. 유방이나 겨드랑이의 바깥쪽 위 조직을 제거하는 수술 후 가장 흔하게 발생한다.

수술 후의 만성 통증은 시간이 지나면서 증상이 조금 완화되기도 하지만 통증이 영구적으로 남는 경우도 있다. 통증의 원인이 정확히 밝혀진 것은 아니지만 수술 중 겨드랑이와 유방 부위의 신경 손상과 관련이 있는 것으로 보인다.

증상

유방이나 겨드랑이, 어깨, 위쪽 팔 부위에 통증, 얼얼함, 따끔거림, 가려움, 무감각, 열감이 나타난다.

치료법

진통제 복용과 함께 심리 치료를 포함한 만성 통증 관리가 병행되어야 한다.

유방암 재발과 전이성 유방암

치료를 마친 뒤 유방암 재발을 걱정하는 것은 매우 당연한 일이다.
주의 깊게 살펴봐야 할 증상은 다음과 같다.

국소 재발

유방 절제술로 유방 대부분을 제거했을지라도 유방 건강에 지속적으로 신경을 쓰고 꾸준히 자가 검진을 하는 것이 매우 중요하다(자가 검진에 대한 내용은 39~43쪽 참조).

같은 쪽 유방에 유방암이 다시 발생한 경우를 국소 재발이라고 한다. 이는 유방암 진단을 받은 후 5년 이내에 발생할 가능성이 가장 크다. 유방 보존술과 방사선 치료를 받은 후 처음 10년 동안 국소 재발이 발생할 확률은 2~15%다. 수술 후 정기 검진이나 영상 검사에서 재발을 발견하기도 하고, 그 전에 환자가 먼저 증상을 느끼기도 한다.

증상

- 이전에 수술을 받은 유방이나 흉터에 혹이 생긴다. 분홍색이나 붉은색 또는 어두운색을 띤다.
- 유방에 새로운 혹이 생기거나 두꺼워지는 증상이 나타난다.
- 유두의 모양이나 위치, 방향이 변한다.
- 유방 자체의 크기나 모양이 변한다.
- 유방이나 유두가 붉어지거나 발진이 생기는 등 피부 변화가 나타난다.
- 유두나 유방에 딱지가 생긴다.
- 유방암 수술을 했던 쪽 팔이나 손이 부어오른다.

작은 변화라도 느껴지거나 조금이라도 걱정되는 부분이 있다면 병원을 찾아 정확한 진료를 받는다.

치료법

국소 재발에는 여러 가지 치료법을 사용할 수 있다. 만약 이전에 유방 보존술을 받았다면 유방 전체를 절제하는 유방 절제술을 받을 수 있고, 그 밖에도 방사선 치료, 화학 요법, 면역 요법, 호르몬 치료 등의 선택지가 있다.

전이성 유방암

전이성 유방암이란 처음에 발생한 암이 다른 장기까지 전이된 경우를 말한다. 단 이 중에서 하나 이상의

> **· '검사 불안'과 불안감 ·**
>
> 유방암을 치료한 후 정기 검진이나 검사 시기가 다가오면 암이 재발했을지 모른다는 불안감이 극에 달하는 경우가 많다. 이러한 경우 심리적 지지나 상담 치료가 도움이 될 수 있다.

증상이 나타난다고 해서 반드시 암이 전이되었다는 뜻은 아니다(대부분의 증상이 하나의 질병에만 국한되는 것은 아니다). 이러한 증상이 나타난 경우 정확한 진단을 위해 의사의 진찰을 받을 필요가 있다는 의미로 이해하자.

유방암이 전이되면 주로 뼈나 폐, 뇌 또는 간으로 퍼진다. 어디로 전이되었는지에 따라 치료법이 달라지며 방사선 치료, 화학 요법, 면역 요법, 호르몬 치료 등이 사용된다. 이 단계에서 치료의 목적은 완치라기보다는 암세포의 성장과 전이 속도를 늦추는 데 있다.

전반적인 증상

- 피로
- 원인을 알 수 없는 체중 감소(체중을 줄이려는 노력을 하지 않았는데도 옷이 평소보다 헐렁하게 느껴진다)
- 속이 메스껍고 식욕이 떨어진다.

뼈 전이 증상

암세포가 뼈로 전이된 경우다. 골수는 혈액세포와 혈소판을 생성하는 일에 관여하기 때문에 뼈 전이가 발생하면 다음과 같은 혈액세포 및 혈소판 수치 감소와 관련된 증상이 나타난다.

- 뼈에서 통증이 느껴진다.
- 골절이 쉽게 생긴다.
- 빈혈로 인한 피로감과 호흡 곤란
- 혈소판 부족으로 멍과 출혈이 많아진다.

폐 전이 증상

- 호흡 곤란
- 끊임없는 기침
- 가슴 통증

뇌 전이 증상

- 두통
- 메스꺼움과 구토 증상
- 신체의 힘과 감각이 떨어진다.
- 균형 감각이 떨어진다.
- 시야 장애
- 혼동
- 발작
- 성격 변화

간 전이 증상

- 복부 통증
- 딸꾹질
- 황달
- 복수가 차면서 배가 부풀어 오른다.

피부 전이 증상

피부 아래에 혹이 생기거나 빨갛게 부어오른다.

유방암 생존 후 관리

치료를 마친 뒤에는 신체 건강과 심리적 안정을 회복하기 위해
충분한 시간과 지원이 필요하다.

현재 유방암 생존자는 미국의 경우 약 380만 명, 영국은 약 60만 명에 달한다. 조기 진단과 치료법의 발전 덕분에 앞으로 유방암 생존자 수는 더욱 늘어날 것으로 예상된다.

심리적 건강

암 진단을 받은 후 심리적으로 불안정해지는 것은 자연스러운 반응이며 이러한 상태는 치료가 끝난 뒤에도 지속될 수 있다. 이럴 때는 상담 치료나 항우울제, 항불안제 등의 다양한 치료법을 활용한다.

'케모 브레인'이나 '브레인 포그'는 환자들이 화학 요법을 받은 후 나타나는 기억력 및 집중력 저하 증상을 묘사할 때 주로 사용하는 표현이다. 치료가 끝난 후 이러한 증상이 나타나는 원인은 현재로선 불명확하지만 유방암 그 자체나 화학 요법 또는 폐경 증상과 연관이 있을 수 있다.

이러한 시기에는 신체 활동이나 명상, 요가가 증상 완화에 도움이 될 수 있다. 또한 지역이나 국가의 지원 단체를 통해 필요한 지원을 받을 수도 있다(197쪽 참조).

피로

유방암 치료 후 가장 흔하게 나타나는 증상이다. 유방암 치료를 받은 뒤 5년 내에 피로를 경험하는 환자는 거의 절반 가까이 된다. 원인은 알 수 없지만 치료의 영향과 암 진단으로 인한 심리적 불안 등 여러 요인이 영향을 준 것으로 보인다. 화학 요법을 받았거나 우울, 불안과 같은 심리적 문제가 있는 경우 피로를 더 잘 느낀다.

피로를 완화하는 방법으로는 운동이나 인지 행동 치료, 동료 지원 모임 등이 있다. 모순처럼 들릴 수 있지만 운동은 실제로 피로를 줄이는 데 도움이 되며 유방암 재발 방지에도 효과적이다.

림프 부종

유방암 수술 직후나 그 이후에도 나타날 수 있다. 자세한 내용은 177쪽을 참조하라.

뼈 건강

에스트로겐을 차단하는 유방암 치료제를 쓰면 골다공증이 생기기 쉬워 뼈가 얇아지고 약해져 골절 위험이 클 수 있다. 이러한 증상은 아로마타제 억제제와 관련

이 깊다. 아로마타제 억제제를 쓰고 있다면 아마도 골밀도 검사를 함께 진행할 것이다. 검사 결과에 따라 추가적인 치료를 병행하기도 한다. 뼈 건강을 유지하기 위해 비타민 D와 칼슘 보충제를 챙겨 먹거나 칼슘이 많은 음식을 먹고, 체중 부하 운동을 하는 것이 좋다.

호르몬 변화로 인한 비뇨생식기 증후군도 나타날 수 있다. 증상으로는 생식기 건조감, 통증, 가려움이나 성교통, 요로감염의 재발 등이 있다. 아나스트로졸과 같은 아로마타제 억제제를 사용할 때 가장 흔히 발생한다.

치료법

일반적으로 유방암 진단을 받은 사람에게는 호르몬 대체 요법(HRT)이 권장되지 않는다. 하지만 예외의 경우 치료의 위험성과 장점에 대해 충분히 상담하고, 다른 약물을 먼저 시도한 후에 대안으로 고려되기도 한다. 하지만 이는 오직 몸 전체에 영향을 주는 전신 호르몬 요법에만 해당되는 이야기다. 국소 치료제인 질 에스트로겐은 폐경 후 비뇨생식기 증후군 치료에 효과적이다. 이 경우에는 에스트로겐이 국소적으로 작용하고 전신에는 거의 흡수되지 않아 비교적 안전하다. 일반적으로 국소 호르몬 치료제는 유방암 진단을 받은 환자에게 처방되며 생식기(외음부, 질, 요로) 증상을 개선하는 데 효과적이다.

불임

화학 요법, 방사선 치료, 난소 제거 수술은 불임으로 이어질 수 있다.

폐경 증상

화학 요법은 난소 기능에 영향을 주기 때문에 조기 폐경을 유발할 수 있다. 난소는 방사선 치료로 손상될 수 있고 때에 따라 수술로 제거하기도 한다. 타목시펜이나 아로마타제 억제제와 같은 호르몬 치료제는 에스트로겐의 생성 및 영향력을 차단해 폐경 증상이 나타날 수 있다.

폐경 증상은 삶의 질을 떨어뜨리며, 생리적이고 '자연적인' 폐경보다 증상이 심하게 나타날 수 있다. 주요 증상은 다음과 같다.

- 안면홍조나 땀이 많이 난다.
- 관절 통증
- 두통
- 건조하고 가려운 피부
- 피로감과 불면증
- 성욕 감퇴
- 우울감이나 불안을 느끼고 화를 잘 낸다.
- 기억력 및 집중력 저하

비호르몬 치료제로는 SSRI나 SNRI 항우울제, 프레가발린이나 가바펜틴과 같은 항경련제 등이 있다. 이러한 약물을 처방하는 이유는 우울증이나 불안 때문이 아니라 폐경 증상을 완화하는 데 도움이 되기 때문이다. 주의할 점은 유방암 진단을 받고 타목시펜을 복용하고 있는 경우 플루옥세틴이나 파록세틴, 둘록세틴과 같은 항우울제를 사용하면 안 된다는 것이다. 타목시펜이 작용하려면 간 효소에 의해 활성형으로 전환되어야 하는데, 이러한 약물들이 간의 대사 효소를 억제하기 때문이다.

이와 더불어 인지 행동 치료도 폐경 증상 완화에 도움이 될 수 있다.

새로운 브라와 보형물

유방암 치료를 받은 후에는 부드럽고 편안한 새 브라가 필요할 수 있다.
경우에 따라서는 유방 보형물을 사용하기도 한다.

치료를 받은 후에도 유방은 계속 변하기 때문에 자신의 유방 상태에 대해 잘 알아두고 주기적으로 자가 검진을 해야 한다. 예를 들어 방사선 치료를 받은 유방은 반대쪽 유방에 비해 더 단단하고 작아질 수 있다. 체중 변화나 폐경 후 유방이 부드러워져도 방사선 치료를 받은 유방은 잘 변하지 않기 때문에 양쪽 유방의 비대칭이 더 두드러질 수도 있다.

재건 수술을 진행하는 동안에는 유방의 모양이 계속 변할 수 있다. 일부 환자들은 비대칭 개선이나 수술로 함몰된 부위를 되살리기 위해 유방 성형 수술을 받기도 한다.

유방 보존술은 유방을 최대한 남기는 것이 목표지만 그럼에도 불구하고 수술 후에는 유방의 모양과 크기가 변할 수 있다. 피부 아래의 흉터 조직이 피부를 당기면서 흉터 자리가 함몰될 수도 있다. 옷을 입으면 겉으로는 티가 나지 않겠지만 환자 본인은 차이를 느낄 수도 있다.

브라 입기

수술을 받은 후 초기에는 유방에서 통증이 느껴지거나 유방과 겨드랑이 부위가 예민할 수 있다. 따라서 수술 후 6~8주 동안 방사선 치료를 받는 시기에는 부드럽고 조이지 않는 브라를 입어야 한다. 처음 몇 주 동안은 어깨 움직임이 제한적이라서 뒤여밈 브라를 착용하기가 불편할 수 있으므로 브라를 앞으로 돌려서 잠근 후 착용하거나 앞여밈 브라를 구매하는 것도 좋다.

유방암 수술 후 1년 동안은 밑 밴드가 넓고 지지력이 좋으며, 와이어 없이 솔기가 부드럽고, 유방을 완전히 감싸는 풀 컵 브라를 입는 것이 좋다. 수술 후 완전히 회복되기까지 1년 정도의 시간이 걸리고, 수술로 인해 신경이 손상된 상태라 와이어가 파고들어도 인지하지 못할 수 있기 때문이다.

유방암 치료 중이거나 수술을 한 후에는 브라 사이즈가 변할 수 있으므로 다양한 상황에서 브라가 잘 맞는지 확인하는 것이 중요하다. 또한 유방 절제술을 받은 사람을 위한 특수 수영복도 마련되어 있다.

외부 유방 보형물 착용하기

유방 절제술 후 유방 재건술을 받지 않았다면 브라 안에 넣을 수 있는 유방 보형물을 사용할 수 있다. 처음에는 부드러운 면 소재를 권한다. 유방 재건술을 받지 않기로 했다면 장기적으로 사용할 수 있는 실리콘 보형물을 구입하는 것도 좋다.

유방 보형물을 넣을 수 있도록 브라 안쪽에 주머니가 달린 제품도 있다. 지역 유방 클리닉에서 기존 브라에 주머니를 달아 주는 업체를 연결해 주는 경우도 있다.

Chapter 9

유방 성형 수술

유방 성형 수술을 하는 이유

이번 장에서는 재건 수술이나 축소 수술, 확대 수술 등
유방의 모양을 바꾸는 다양한 수술에 대해 살펴본다.

사람마다 유방 성형 수술을 고려하는 데는 다양한 이유가 존재한다. 누군가는 등과 어깨의 통증을 줄이기 위해 유방 크기를 줄이고 싶어 하고, 심한 비대칭을 교정하거나 유방암 수술 후 재건하려는 사람도 있다. 그중에서도 유방 확대 수술은 전 세계적으로 가장 많이 시행되는 유방 성형 수술로, 2019년 한 해 동안 180만 건 가까이 시행되었다.

유방 수술이 가지는 심리적인 효과도 과소평가해서는 안 된다. 유방 재건술은 단순한 미용 목적을 넘어 유방암 치료의 연장선으로 간주한다. 개인의 정체성은 외모와 복잡하게 얽혀 있기 때문에 유방 성형 수술이 많은 사람에게 자존감을 높여 주는 의미 있는 변화를 줄 수 있다. 유방암 수술을 받은 후나 임신, 모유 수유, 체중 변화로 인해 몸이 달라진 경우 예전의 모습을 되찾고자 성형 수술의 도움을 받기도 한다. 또한 트랜스젠더나 논바이너리 사람들이 개인의 필요에 의해 유방 확대 수술이나 제거 수술(양쪽 유방 절제술, 탑 수술)을 받는 경우도 있다.

간략한 역사

유방의 외관을 바꾸는 성형 수술은 최근에 생긴 개념이 아니다. 가장 오래된 유방 확대 수술의 기록은 1889년으로, 한 외과 의사가 파라핀 오일을 사용해 유방을 확대하는 수술을 했다고 전해진다. 하지만 초기의 수술 방식은 감염의 위험이 매우 컸다. 1895년에는 한 의사가 환자의 다른 신체 부위에 있던 지방종(양성 지방 종양)을 유방에 이식하는 수술을 시도했지만 이후 그 지방이 다시 체내로 흡수되었다고 한다.

19세기에 들어서면서 상아나 스펀지, 유리 등 온갖 물질을 보형물로 사용하려는 시도가 생겼지만 수술로 인한 합병증 발병률이 높았다. 20세기 중반에는 실리콘을 유방에 직접 주입하기도 했는데, 이로 인해 조직이 괴사하는 사례도 종종 있었다. 그 후 1962년 미국에서 티미 진 린제이라는 여성이 최초로 실리콘 보형물을 사용한 유방 확대 수술을 받았다.

비용은 얼마나 들까?

나라에 따라 일부 유방 성형 수술에 대해 재정 지원이 이루어지는 곳도 있다. 영국의 국민보건서비스(NHS)는 유방 재건 수술을 지원하고 있다. 통증이나 심리적인 이유로 유방 축소 수술을 받거나 심각한 비대칭을 교정하는 수술, 유방이 선천적으로 발달하지 못해 확대 수술을 받는 경우 NHS의 지원을 받을 수 있다. 그러나 대부분의 유방 성형 수술은 미용 목적에 해당하기 때문에 개인이 비용을 부담해야 한다. 나라별로 수술 비용은 차이가 있지만 영국은 3,500~8,000유로, 미국은 5,000~1만 달러 선으로 책정되어 있다.

유방 확대 수술

유방의 크기를 키우는 수술은 보형물을 삽입하는 방식으로 진행된다.
수술 과정과 회복 과정, 수술 후 위험 요소에 대해 살펴보자.

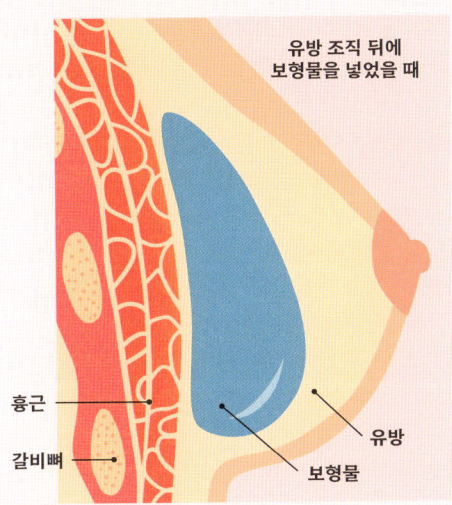
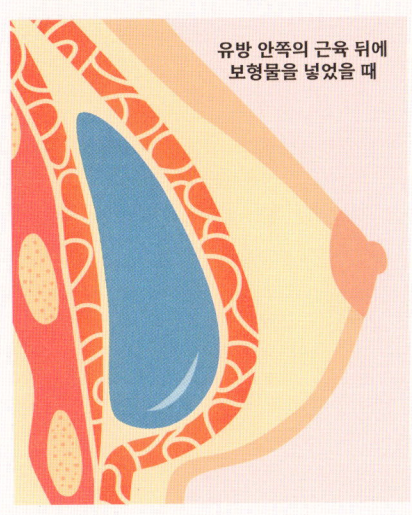

유방 확대 수술은 전신 마취를 한 상태에서 보형물을 삽입하는 방식으로 진행된다. 보형물은 유방 조직 밑에 넣거나 유방 조직 안쪽에 있는 근육 밑에 넣을 수 있다. 때로는 보형물 일부는 유방 조직 아래, 나머지 부분은 근육 아래에 삽입하는 경우도 있다.

수술 유형에 따라서 절개 흉터는 유방 아래에 접히는 부분이나 유륜 주위, 겨드랑이에 생길 수 있다.

유방 보형물은 일반적으로 실리콘 엘라스토머라는 '겉껍질'에 실리콘이나 식염수를 채워 만든다. 식염수를 넣은 보형물은 실리콘에 비해 단단하고 촉감이 덜 '자연스럽게' 느껴질 수 있다. 보형물은 크기가 다양하며, 원형이나 물방울 형태 등 모양도 여러 가지다. 물방울 형태의 보형물은 실제 유방 모양과 매우 흡사하게 생겨 해부학적 보형물이라고도 부르고, 원형 보형물은 유방 윗부분을 더 꽉 찬 형태로 만들어 준다. 자신에게 적합한 보형물을 찾기 위해서는 전문가와 충분한 상담이 필요하다.

유방 크기를 키운다고 광고하는 크림 제품은 과학적으로 효과가 입증되지 않았다.

보형물은 얼마나 오래 유지될까?

보형물 삽입 수술은 '영구적인' 수술이라고 볼 수는 없고 시간이 지나면 추가적인 수술이 필요할 수도 있다. 수술을 받은 후 10년 내로 재수술하는 경우는 약 10%에 해당한다. 대부분의 보형물은 10~20년까지 사용해도 괜찮다고 입증되었지만 이 기간이 지났다고 해서 반드시 교체해야 하는 것은 아니며 문제가 생겼거나 모양이 마음에 들지 않는 경우에만 재수술을 고려해도 된다.

체중이 늘거나 줄어들면 유방의 모양과 크기도 바뀌고, 보형물이 있든 없든 노화는 반드시 진행된다는 사실도 명심해야 한다.

수술 후 회복

유방 확대 수술은 완전히 회복하기까지 보통 6주 정도 걸리고, 최소한 2주는 일을 쉬고 충분히 휴식을 취하는 것이 좋다. 운전은 비상시 안전하게 급정거를 할 수 있을 만큼 회복하기 전까지 피해야 하며, 이 역시 2주 정도의 기간이 필요하다. 수술 후 3개월 정도는 낮이든 밤이든 유방을 잘 지지하는 브라를 입어야 한다. 수술 후 관리에 대한 지침은 담당의로부터 자세한 설명을 들을 수 있다.

수술 후 합병증

어떤 수술이든 감염과 출혈, 혈전과 같은 합병증의 위험성이 따른다. 유방 확대 수술은 그 밖의 또 다른 위험 요소가 존재한다. 그중 하나는 유방 부위의 감각 변화로, 주로 흉터 주위가 무감각해지거나 유두가 극도로 예민해지는 증상이 나타날 수 있다. 이러한 증상들은 대부분 시간이 지나면 원래대로 돌아오지만 영구적으로 남는 경우도 있다.

우리 몸은 보형물을 신체 일부가 아닌 이물질로 받아들이기 때문에 보형물 주위에 흉터 조직으로 구성된 피막이 형성된다. 대개는 이 피막이 매우 얇아서 잘 드러나지 않지만 사람에 따라서 피막 구축이라는 증상이 나타날 수도 있다. 피막 구축이 발생하면 피막이 매우 두꺼워지거나 수축해 통증을 유발하고 유방이 매우 단단해질 수 있다. 최근에 개발된 보형물은 과거 보형물에 비해 이러한 부작용이 나타날 가능성이 적다. 유방 확대 수술을 받은 사람 10명 중 1명은 어느 정도 피막이 두꺼워지는 증상이 나타날 수 있으며, 이는 수술 후 몇 년이 지나서야 발생하기도 한다. 이 증상이 문제를 유발한다면 피막 절제술을 통해 보형물과 피막을 모두 제거한다.

그 외에도 보형물 내부의 내용물이 피부 조직으로 새어 나오는 합병증이 발생할 수 있는데, 실리콘보다는 식염수 보형물에서 더 자주 발생한다. 보형물 자체가 움직이거나 유방 안에서 접히면서 유방 모양이 변하는 경우도 있다.

유방 확대 수술 후 매우 드물게는 유방 보형물 관련 역형성 대세포 림프종(BIA-ALCL, 153쪽 참조)이라는 합병증이 발생할 수 있다. 이는 혈액암(림프종)의 한 형태로 백혈구에 영향을 주며 유방이 부풀어 오르는 증상이 나타난다.

보형물의 안전성

모든 보형물은 파열의 위험성을 조금씩은 가지고 있다. 식염수 보형물은 파열되어도 소금물인 식염수가 체내에 흡수되기 때문에 심각한 해를 끼치지는 않는다. 하지만 보형물이 납작해져 유방 모양이 변할 수 있다.

실리콘 보형물은 코히시브 겔이라는 물질로 만드는데 겔 입자 간의 응집력이 좋아 파열이 생겨도 쉽게 새어 나오지 않고, 얇은 피막이 보형물 주위를 둘러싸고 있어 그 안에 머무를 수 있다. 하지만 간혹 파열된 실리콘이 주변에 작은 혹을 형성해 통증을 유발할 수 있다. 이런 증상은 겉으로 잘 드러나지 않아 영상 검사를 통해 확인되는 경우도 있다.

큰 보형물을 오랜 기간 유지하다가 이후 유방 크기를 줄이기 위해 보형물을 제거한다면 그동안 늘어난 피부 때문에 전보다 유방이 비어 있는 것처럼 보일 수 있다.

실리콘 보형물의 안전성과 관련된 소송 문제나 결합조직 관련 질환 및 암의 위험성에 대해 한 번쯤은 들어 본 적이 있을 것이다. 실리콘 보형물은 한동안 사용이 중단되었지만 미국 FDA가 2006년에 다시 안전성을 인정하며 규제를 풀었다.

폴리 임플란트 프로테스(PIP) 제조사

PIP 제조사의 보형물은 2010년에 사용이 중지되었다. 이 제조사의 보형물이 다른 실리콘 보형물에 비해 쉽게 파열되는 불법적인 실리콘 겔 성분으로 만들어졌다는 사실이 밝혀졌기 때문이다. 영국에서는 약 4만 7,000명의 여성이 PIP 제조사의 보형물을 넣은 것으로 추정된다. 이 보형물을 가지고 있다고 해서 의학적으로 반드시 제거해야 하는 것은 아니다. 현재까지는 건강에 심각한 위험을 끼친다는 근거가 명확하게 밝혀지지 않았기 때문이다. 다만 파열될지도 모른다는 불안감도 개인에 따라 중요한 문제일 수 있다. 만약 유방이 부어오르거나 울퉁불퉁해지고, 피부색이 변하거나 통증이 느껴지는 등 파열 증상이 생겼다면 의사의 진찰을 받아 보자. 영상 검사를 통해 보형물 파열이 확인되면 수술로 제거하게 된다.

· 유방 확대 수술과 유방암 ·

유방 확대 수술을 받는다고 해서 유방암이 생길 가능성이 커진다는 증거는 없다.
유방 보형물 관련 역형성 대세포 림프종(188쪽 참조)은 유방암이 아니라 혈액암이고,
발생할 확률도 지극히 낮다(FDA에 의하면 3만 명 중 1명꼴).
유방촬영 검사와 보형물에 관한 내용은 124쪽을 참조하라.

유방 축소 수술과 거상 수술

이번에는 주로 통증과 불편을 해소하기 위해 시행되는
유방 축소 수술, 처진 유방을 올리는 유방 거상 수술의 과정을 살펴보자.

유방 축소 수술

과도한 유방 조직과 지방, 피부를 제거해 유방의 크기와 모양을 작게 만드는 방법이다. 주로 신체적 불편함을 줄이기 위해 시행되는 경우가 많고, 큰 유방으로 인한 자존감 하락과 심리적 문제를 해소하는 데 도움이 된다. 유방 축소 수술은 보통 유방 아래의 접히는 주름선이나 유륜 주위, 유륜에서 수직선을 따라 길게 절개하는 방식으로 진행된다. 따라서 막대사탕(오른쪽 위 그림)이나 닻(오른쪽 아래 그림) 형태로 절개하게 된다. 유두를 전보다 높은 위치로 이동시키는 경우도 있다.

축소 수술을 받은 후에도 임신 등의 이유로 체중이 크게 변한다면 유방의 크기와 모양이 바뀔 수 있다.

• 유방 축소 수술의 절개 부위와 흉터 위치

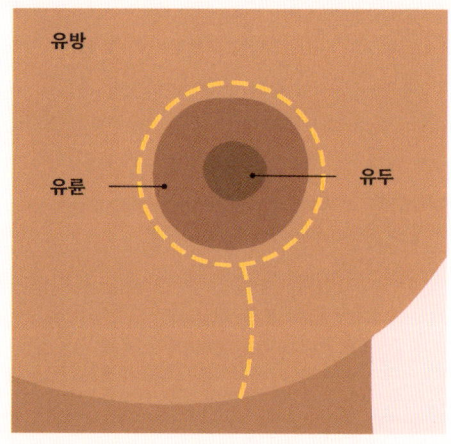

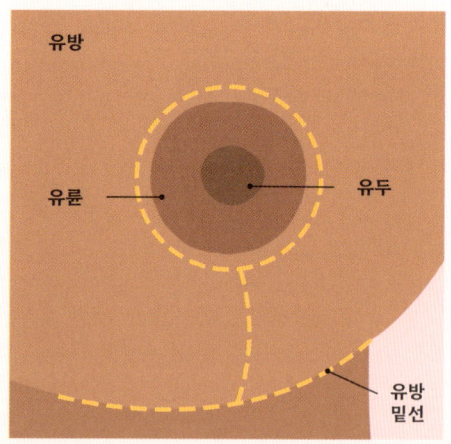

수술 후 회복

유방 축소 수술 후 회복 기간은 보통 6주 정도가 걸리고, 일정 기간 일을 쉬고 운전을 하지 않아야 한다(유방 수술 후 회복에 관한 더 자세한 내용은 171쪽 참조). 수술 후에 회복하는 동안 유방을 잘 보호할 수 있도록 6~8주까지는 몸에 잘 맞는 지지력 좋은 브라를 착용한다.

수술 합병증

모든 수술에 공통으로 생길 수 있는 일반적인 합병증 외에도 특히 유두를 이동하는 수술을 한 경우 유두 탈락의 위험이 존재한다. 유방과 유두의 감각이 상실되는 증상이 나타날 수도 있다. 만약 모유 수유가 중요한 요소라면 수술 후에는 모유 수유를 할 만큼 충분한 유방 조직이 남지 않을 수 있다는 점(103쪽 참조)도 고려해야 한다.

유방 거상 수술

처진 유방을 끌어올려 모양을 바꾸는 수술이다. 유륜 주위를 절개한 다음 유방 아래의 접히는 밑선까지 수직으로 절개한다. 늘어진 피부를 제거하고 모양을 잡은 다음, 유두를 더 높은 위치로 옮긴다. 원한다면 유륜의 크기도 더 작게 만들 수 있다. 모든 수술에서 나타날 수 있는 일반적인 합병증 외에도 유두가 탈락하거나 감각이 저하되는 증상을 겪을 수 있다. 일반적으로 회복 기간은 6주 정도 걸린다.

유방 비대칭 교정 수술

사춘기부터 있었던 비대칭을 교정하거나 유방암 치료와 같은 이유로 생긴 비대칭을 치료하기 위한 수술이다. 하지만 대부분의 유방 비대칭은 매우 자연스러운 현상이다. 비대칭 교정 수술에는 유방 축소 수술과 확대 수술, 거상 수술이 포함될 수 있다. 만약 한쪽 유방에만 보형물을 넣고 다른 쪽에는 넣지 않았다면 비대칭 수술 후 양쪽 유방의 느낌이 다를 수 있다.

· 흉터 관리 ·

수술 흉터가 완전히 재생되고 회복되기까지는 2년 정도의 시간이 걸린다. 처음에는 흉터가 붉어지거나 튀어나올 수도 있지만 시간이 지나면서 점차 옅어진다. 사람에 따라서 흉터가 넓어지거나 두꺼워지기도 하고, 켈로이드 흉터로 발전해 원래 흉터보다 더 커지고 위로 튀어나오거나 붉어지고 가려운 증상이 생기는 경우도 있다. 켈로이드 흉터는 피부색이 어두운 사람에게 더 흔하게 나타나는 편이다. 담당의가 안전하다고 판단한 후에는 향이 없는 일반 보습제로 흉터 부위를 자주 마사지해 주면 흉터를 줄이는 데 도움이 된다. 자외선으로부터 피부를 보호하기 위해 자외선 차단제를 바르는 것도 중요하다.

유방 재건 수술

유방암 치료의 일환으로,
유방의 모양과 크기를 되살리는 수술이다.

- **보형물을 이용한 유방 재건 수술**

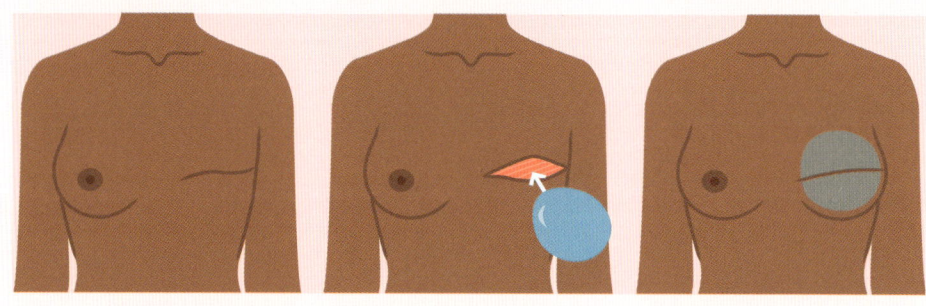

| 유방 절제 흉터 (절개 부위) | 보형물 삽입 | 보형물이 피부 아래에 자리 잡은 모습 |

유방 절제술로 암이 생긴 유방을 제거하기로 했다면 수술 전에 유방 재건술을 함께 받을 것인지도 결정해야 한다. 유방암이라는 진단을 받고 수많은 복잡한 문제를 마주하는 가운데 이처럼 중요한 결정도 함께 내려야 한다는 것은 결코 쉽지 않은 일이다. 다양한 선택지를 두고 담당의와 충분히 상담해 보자. 같은 경험을 한 사람들의 이야기를 듣거나 암 관련 단체로부터 실질적인 도움을 받는 것도 하나의 방법이 될 수 있다.

유방 재건술을 받지 않는다 해도 이는 분명히 존중받아야 할 개인의 선택이다. 사람에 따라 유방 절제술과 동시에 재건술을 받기도 하고, 몇 달 혹은 몇 년 후에 지연 재건술을 받기도 한다. 후자의 경우는 담당의가 화학 요법까지 마친 후에 재건 수술을 권했거나 재건 시기를 미루기로 한 본인의 선택일 수도 있다. 즉시 재건술은 유방을 제거함과 동시에 보형물을 삽입하기 때문에 수술 결과가 가장 좋은 편이다. 반면 지연 재건술을 선택한 경우에는 유방의 피부가 이미 제거된 상태이므로 다른 부위에서 가져온 피부 피판을 사용하거나, 보형물이나 피판을 삽입할 공간을 확보하기 위해 조직 확장기로 남아 있는 피부를 늘리는 과정이 필요하다. 어떤 수술을 받느냐에 따라 흉터도 달라진다. 대체로 즉시 재건술은 유륜 주위에 흉터가 생기고, 지연 재건술은 흉터가 더 크게 남는다.

유방이 크고 아래로 처진 경우에 한쪽 유방에만 보형물을 넣는 재건 수술을 받으면 반대쪽 유방과 균형이 맞지 않을 수 있다. 이런 경우에는 보형물 삽입과 동시에 반대쪽 유방의 축소 수술을 병행할 수도 있다.

유방 재건 수술의 유형

일반적으로 유방 재건 수술은 크게 두 가지로 나뉜다. 하나는 보형물을 삽입하는 방법이고, 다른 하나는 피판을 활용하는 방법이다.

보형물을 삽입하는 수술은 대체로 유방이 작은 사람에게 유리하며, 한 번의 수술로 끝내는 방식과 두 번에 걸쳐 진행하는 방식이 있다. 유방 절제와 동시에 반영구적인 보형물을 삽입하는 경우는 1단계 수술로 마무리된다. 반면 2단계로 나누어 수술하는 경우는 먼저 1차 수술을 통해 임시 보형물인 조직 확장기를 삽입한다. 그리고 몇 주 혹은 몇 개월에 걸쳐 확장용 보형물 안에 식염수를 주입해 유방 피부를 서서히 늘린다. 원하는 크기에 도달하면 2차 수술에서 최종 보형물을 넣는다. 간혹 식염수를 넣는 주입구만 제거하고 확장용 보형물을 그대로 남겨두는 경우도 있다. 유방 보형물에는 수명이 있으므로(188쪽 참조) 나중에 추가 수술이 필요할 수 있다.

만약 유방암 수술 후 방사선 치료를 받아야 하는 경우라면 보형물 대신 피판을 이용한 재건 수술을 권유받을 수 있다. 방사선이 피막 구축을 유발할 수 있기 때문이다(188쪽 참조).

피판 재건술은 인공 보형물이나 다른 장치를 사용하지 않는다. 환자 본인의 다른 신체 부위(보통 복부나 엉덩이, 허벅지)에서 떼어낸 지방이나 근육을 사용하거나 등이나 복부에서 떼어온 피부를 회전시켜 유방을 만든다.

피판 재건술은 유방의 모양과 촉감, 움직임이 자연스럽다는 장점이 있다. 하지만 수술 시간과 입원 기간이 길고, 회복도 3~6개월 정도로 오래 걸린다. 어느 부위의 피판을 사용했는지에 따라 최소 두 군데에 흉터가 생기기 때문에 상처 감염과 같은 합병증 위험도 크다. 피판 재건은 보형물과 달리 수명이 없지만 양쪽 유방의 대칭을 맞추기 위해 추가 수술이 필요할 수 있다.

브라와 외부 보형물

유방암 수술 후에는 입고 벗기 편한 앞여밈 브라가 적합하다. 재건 수술을 받은 후 몇 주 동안은 낮뿐만 아니라 밤에도 브라를 착용해 유방을 안정적으로 받쳐 주어야 수술로 인한 불편함과 통증을 줄일 수 있다. 또한 수술 후에는 유방이 부을 수 있기 때문에 어깨끈 길이를 조절할 수 있고 밑 밴드에 후크가 여러 개 달린 제품을 선택하면 체형 변화에도 불편함 없이 착용할 수 있다.

영구적이지는 않지만 천 소재 보형물도 사용할 수 있다. 다양한 크기와 모양뿐만 아니라 자기 피부색에 가까운 색을 고를 수도 있다. 보형물이 움직이지 않도록 브라 안에 고정하는 것도 좋다.

실리콘 소재의 외부 보형물은 촉감이 부드럽고 반영구적으로 사용할 수 있다. 실리콘 보형물은 브라 안에 넣고 꿰매거나 컵 내부의 작은 공간에 넣어서 사용할 수 있다. 피부에 직접 붙이는 접착식 보형물도 있다. 실리콘 외부 보형물을 사용할 예정이라면 수술 부위가 완전히 회복되고 부기가 가라앉은 뒤 자신에게 맞는 사이즈를 확인한 다음 구입하는 것이 좋다. 이 시기는 보통 수술 후 6~8주 정도다. 유두도 함께 제거한 경우라면 실리콘 유두 보형물을 사용하는 방법도 있다.

많이 하는 질문들

유방 수술

유방 절제술을 받은 후 꼭 유방 재건술을 받아야 할까?

지극히 개인적인 선택이며 정답은 없다. 영국의 경우 매년 유방 절제술을 받는 사람 중 약 21%는 즉시 재건술을 받고, 10%는 지연 재건술을 받는다. 나머지 70% 정도는 유방 재건술을 받지 않는다. 만약 수술 후 방사선 치료를 받아야 한다면 담당의는 보형물 삽입을 권하지 않을 것이다. 방사선 치료로 인해 보형물을 감싸고 있는 피막이 구축할 위험이 있기 때문이다(188쪽 참조). 흡연자의 경우에도 담배가 회복을 방해할 수 있어 재건 수술을 권하지 않을 수 있다.

•

유방 절제술을 받을 때 유두를 꼭 제거해야 할까?

이는 유방의 크기와 암의 위치에 따라 다르다. 암이 유두 가까이에 자리 잡고 있다면 유두도 함께 제거해야 한다. 암이 유두에서 멀리 떨어진 곳에 있다면 유두를 남기는 유방 절제술도 가능하지만 그럴 경우 암의 재발 위험이 아주 약간 높아진다. 또한 유방 크기가 큰 경우에는 암의 위치와 상관없이 유두를 보존하기가 어려울 수 있다. 수술 후 유두로 가는 혈액 공급이 원활하지 않을 수 있기 때문이다. 유두를 제거했다면 유두 재건술을 받을 수도 있다. 이 수술은 피부 피판과 의료용 문신을 활용해 유륜과 유두의 모양과 색을 복원하는 방법이다. 유두 재건술을 받지 않는 경우에는 실리콘 유두 보형물을 사용하기도 한다.

•

어린 나이에 유방 성형 수술을 받아도 될까?

유방 축소 수술이나 비대칭 교정 수술의 경우에는 유방이 완전히 성장을 마치는 18세가 될 때까지 기다리기를 권장하는 편이다. FDA에서는 실리콘 보형물은 22세 이상, 식염수 보형물은 18세 이상부터 사용할 수 있도록 승인하고 있다.

유방 수술이 성생활과 성욕에 영향을 미칠까?

성욕은 매우 복잡한 문제이며, 신체적·심리적 문제가 복합적으로 작용한다. 유방의 외형이 자존감과 자신감에 부정적인 영향을 주고 있다면 유방 수술이 이러한 심리적 부담을 덜어주어 성욕 향상에 도움이 될 수 있다. 하지만 수술 자체만 놓고 보면 유방과 유두 피부에 신경 손상이 생기기 때문에 민감도가 떨어져 성적 만족도가 줄어들 수 있다.

•

추가 수술이 필요할까?

추가 수술이 필요한지는 수술 종류를 비롯한 여러 요소에 따라 달라진다. 유방 확대 수술은 평생 유지되는 수술이 아니며, 그중 약 10%의 사람들은 10년 후 재수술이 필요할 수 있다. 또한 어떤 방식의 유방 재건술을 받았는지에 따라서 나중에 재수술을 해야 할 수도 있다. 예를 들어 한쪽에만 보형물을 삽입한 경우에는 시간이 지나면서 다른 쪽 유방이 처지거나 모양이 달라져 비대칭이 생길 수 있는데 이를 교정하기 위해 재수술을 받기도 한다.

•

수술한 후에도 모유 수유가 가능할까?

만약 유방 축소 수술을 받았다면 유방 조직이 충분히 남아 있지 않아서 완전 모유 수유를 하기는 어려울 수 있다. 가슴 근육 아래에 보형물을 넣는 유방 확대 수술은 근육 위에 보형물을 넣는 수술에 비해 모유 수유에 방해가 될 가능성이 낮다. 유두와 유륜을 이동한 경우에는 흉터 조직 때문에 모유가 잘 전달되지 못하므로 그에 따라 모유 분비량이 줄어들 수 있다.

마치며

너무도 오랜 시간 동안 여성은 유방을 통해 가치가 매겨져 왔다. 사회는 여성을 성적인 시선으로 바라보고, 대상화하며, 비난해 왔다. 여성은 과학 연구에서도 오랫동안 소외되어 왔다. 대다수의 의학 및 과학 연구는 남성을 중심으로 이루어진다. 최근 들어서야 스테이시 심스 박사의 말을 빌리면, 여성은 단순히 남성의 축소판이 아니라는 사실이 비로소 주목받고 있다. 그동안 충돌 테스트 마네킹이나 방검복, 심지어 심폐소생술 인형까지도 유방이 없는 신체를 기준으로 디자인되면서 여성은 철저히 배제되어 왔다.

누구나 운동이 신체적·정신적 건강에 모두 중요한 역할을 한다는 사실을 잘 알고 있다. 그럼에도 불구하고 운동을 할 때 유방의 움직임이 신체에 어떤 영향을 미치는지에 관한 연구는 거의 이루어진 적이 없고, 심지어 운동선수를 대상으로 한 연구조차도 찾아보기 어렵다.

브라의 사이즈는 표준화되어 있지 않아 제조사마다 다르다. 따라서 대다수의 여성들이 몸에 잘 맞지 않는 브라를 입고 통증과 불편함을 느낀다. 여성에게는 다양한 체형과 사이즈를 위한 브라, 그리고 운동할 때나 수술 후, 모유 수유를 할 때와 같이 인생의 여러 시기에 적합한 브라가 필요하다.

이제 내 몸의 이야기는 내가 직접 써 내려가야 한다. 스스로를 잘 돌보기 위해서는 먼저 자기 몸과 가까워져야 한다. 내 몸이 평소에 어떤 상태인지 알고 있어야 변화가 생겼을 때 알아채기 쉽다. 사람마다 '정상'의 기준은 다를 수밖에 없다. 유방이 큰 사람이 있는가 하면 작은 사람도 있고, 모양과 크기 역시 제각각이기 때문이다. 자기 몸을 가장 잘 알 수 있는 사람은 결국 자신이다. 그렇다고 해서 여성만 유방을 점검해야 하는 것은 아니다. 유방 조직은 누구에게나 있으므로 남녀 상관없이 스스로 점검하는 습관이 필요하다. 실제로 약 70%의 사람들이 한 번쯤은 유방 통증을 경험하기 때문에 그 원인이 무엇인지, 또 어떤 경우 문제가 되는지 알아둘 필요가 있다.

유방암은 영국의 경우 여성 7명 중 1명이 걸릴 정도로 매우 흔한 암이다. 그만큼 유방암의 원인과 치료법을 밝히기 위해 더 많은 연구가 절실히 필요하다. 현재 유방 건강과 관련된 연구 자금 대부분은 유방암에 쓰이고 있지만 이것만으로는 충분하지 않으며, 특히 진행성 유방암에 더 많은 관심이 필요하다. 그렇지만 유방암뿐만 아니라 유방 건강 전반에 걸친 연구도 함께 이루어져야 한다. 유방암에 대한 투자를 줄이자는 뜻이 아니라 여성 건강 전반에 관한 연구

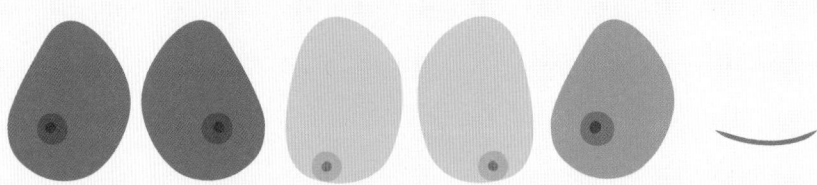

(.)(.)

자금이 더 확대되어야 한다는 이야기다.

이 책에서 가장 먼저 강조하고 싶은 것은 '평소의 유방 상태를 잘 알아두자'라는 것이다. 한 달에 한 번 유방을 규칙적으로 점검하는 습관을 들이자. 폐경 전이라면 생리가 끝난 직후가 점검하기 가장 좋은 시기다. 한 달 동안 유방의 느낌이 어떠한지, 또 월경 주기에 따라 유방이 어떻게 변하는지 알아두면 좋다. 만약 자가 검진에서 새로운 변화를 감지했다면 꼭 검사를 받도록 하자. 두 번째 강조하고 싶은 메시지는 유방 정기 검진이다. 정기 검진은 여러분의 생명을 구할 수 있다.

유방 건강관리는 단순히 잠재적인 문제를 찾기 위해 유방을 점검하는 데 그치지 않는다. 내 몸이 원하는 대로 움직이고 기능할 수 있도록 잘 돌보는 것도 중요하다. 한 연구에 따르면, 많은 젊은 여성들이 자신의 유방과 유방 관리법에 대해 더 많이 배우길 원한다고 한다. 그렇기 때문에 나와 같은 전문가들이 유방에 관한 다양한 정보를 널리 알릴 필요가 있다. 이 책을 읽는 것이 좋은 출발점이 된다면, 그다음 단계는 책 속의 메시지를 사람들에게 전파하는 것이다. 이 책을 주변 사람과 함께 읽어 보자. 자녀의 학교에서 수업 시간에 유방 건강에 대해 다루고 있는지 물어보고 그렇지 않다면 교과 과정에 포함하도록 건의하는 것도 좋다.

인터넷에는 방대한 자료가 넘쳐나지만 신뢰할 수 있는 출처에서 정보를 얻는 것이 매우 중요하다. www.breastcancernow.org는 유방암 관련 정보를 얻기에 좋다. www.knowyourlemons.org와 www.coppafeel.org에서는 유방암 자가 검진에 관한 정보가 잘 정리되어 있다. 그 밖의 출처는 정보가 정확하지 않을 수 있다. 특히 특정 제품을 홍보하는 인플루언서의 말은 비판적으로 들을 필요가 있다. 나는 실제로 '유방암을 예방하는 브라'라는 말도 안 되는 내용의 광고를 본 적도 있다.

무엇보다도 친구들이나 가족, 배우자와 유방 건강에 대해 계속 이야기를 나누어야 한다. 그래야 유방 건강이라는 주제를 더 이상 금기시하지 않게 되고, 다른 사람들도 어디에서 조언을 구해야 하는지 알게 된다.

자, 이제는 생각을 바꿔야 할 때다. 나의 몸과 나의 유방을 있는 그대로 인정하자. 유방이 어떻게 생겼든, 유방에 대해 어떻게 받아들이든, 유방에 대해 어떤 선택을 하든 그건 전적으로 내게 달렸다. 우리는 유방을 정확한 의학 용어로 부를 권리가 있다. 유방은 부끄럽거나 우스운 존재가 아니며, 속어나 별명 뒤로 숨겨야 할 존재도 아니다. 내 몸에 대해 가장 잘 알고 있어야 하는 사람은 나 자신이다.

자신의 유방을 있는 그대로 인정하기 위해서는 무엇보다도 유방을 잘 이해하고 잘 돌봐야 한다. 그런 다음에는 다른 사람들도 그 길을 따라올 수 있도록 곁에서 도와주자. 이 책의 메시지를 주변 사람들과 나누고 널리 퍼뜨리는 것이 그 시작이 될 수 있다!

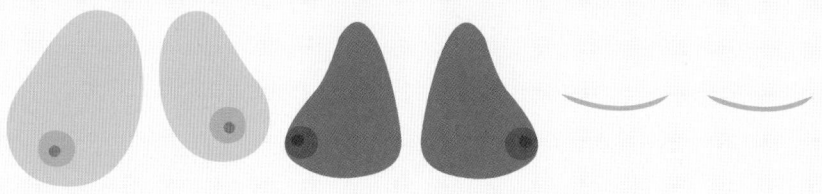

참고 자료

들어가며
9 Scurr, J., Brown, N., Smith, J., Brasher, A., Risius, D., & Marczyk, A. (2016). The influence of the breast on sport and exercise participation in schoolgirls in the UK. Journal of Adolescent Health. 58(2), 167-173 • www.who.int/about/governance/constitution • www.wcrf.org/cancer-trends/worldwide-cancer-data/

Chapter 1 유방이 존재하는 이유
13 www.sciencedirect.com/science/article/abs/pii/S1090513816302847 • Viren Swami, Martin J. Tovée, Resource Security Impacts Men's Female Breast Size Preferences, 2013 doi.org/10.1371/journal.pone.0057623 • Dixson BJ, Vasey PL, Sagata K, Sibanda N, Linklater WL, Dixson AF. Men's preferences for women's breast morphology in New Zealand, Samoa, and Papua New Guinea. Arch Sex Behav. 2011 Dec;40(6):1271-9. doi: 10.1007/s10508-010-9680-6. • Zelazniewicz, A.M., Pawlowski, B. Female Breast Size Attractiveness for Men as a Function of Sociosexual Orientation (Restricted vs. Unrestricted). Arch Sex Behav 40, 1129-1135 (2011). doi.org/10.1007/s10508-011-9850-1 • Patterns of Sexual Behavior, C. S. Ford, F. A. Beach, (1951), Psychology • **14** ZAVA (online doctor provider): adapted from: https://www.zavamed.com/uk/does-breast-size-matter.html. **15** Evolution and Human Behaviour, Volume 38, Issue 2, March 2017, Pages 217-226 • **19** www.asa.org.uk/rulings/adidas-uk-ltd-g22-1145614-adidas-uk-ltd.html

Chapter 2 유방의 구조와 자가 검진
28 StatPearls Treasure Island (FL): StatPearls Publishing; 2022 Jan. • Anatomy, Shoulder and Upper Limb, Axillary Lymph Nodes, Harry Kyriacou; Yusuf S. Khan. www.ncbi.nlm.nih.gov/books/NBK430685/ **29** BMJ. 2008 Mar 29; 336(7646): 709-713. doi: 10.1136/bmj.39511.493391.BE • Leung AKC, Leung AAC. Gynecomastia in Infants, Children, and Adolescents. Recent Pat Endocr Metab Immune Drug Discov. 2017;10(2):127-137. doi: 10.2174/1872214811666170301124033. **30** pedsendo.org/patient-resource/premature-thelarche/ **31** www.healthline.com/health/breast-asymmetry **32** Sanuki J ichi, Fukuma E, Uchida Y. Morphologic study of nipple-areola complex in 600 breasts. Aesth Plast Surg. 2009;33(3):295-297. doi: 10.1007/s00266-088-9194-y. **34** Zucca-Matthes G, Urban C, Vallejo A. Anatomy of the nipple and breast ducts. Gland Surg. 2016;5(1):32-6. doi:10.3978/j.issn.2227-684X.2015.05.10 **37** Nagaraja Rao D, Winters R. Inverted nipple. StatPearls. **38** www.breastcancer.org/facts-statistics • www.cancerresearchuk.org/health-professional/cancer-statistics/statistics-by-cancer-type/breast-cancer **39** cewuk.co.uk/estee-lauder-companies-marks-30th-anniversary-of-breast-cancer-campaign **40-43** www.nhs.uk/common-health-questions/womens-health/how-should-i-check-my-breasts/ **43** ascopost.com/issues/january-25-2019/risk-of-local-recurrence-in-breast-cancer/ • breastcancernow.org/information-support/check-your-breasts/learn-signs-breast-cancer

Chapter 3 사춘기
46 www.nhs.uk/conditions/early-or-delayed-puberty/ **47** www.ncbi.nlm.nih.gov/books/NBK470280/ **48-49** Caouette-Laberge L, Borsuk D. Congenital anomalies of the breast. Semin Plast Surg. 2013 Feb;27(1):36-41. doi: 10.1055/s-0033-1343995. • www.bapras.org.uk/public/patient-information/surgery-guides/congenital-breast-and-chest-conditions **49** Wolfswinkel EM, Lemaine V, Weathers WM, Chike-Obi CJ, Xue AS, Heller L. Hyperplastic breast anomalies in the female adolescent breast. Semin Plast Surg. 2013 Feb;27(1):49-55. doi: 10.1055/s-0033-1347167. **52** McGhee DE, Steele JR. Optimising breast support in female patients through correct bra fit. A cross-sectional study. J Sci Med Sport. 2010 Nov;13(6):568-72. doi: 10.1016/j.jsams.2010.03.003. **61** White, J., & Scurr, J. (2012). Evaluation of professional bra fitting criteria for bra selection and fitting in the UK. Ergonomics, 55(6), 704-711. doi.org/10.1080/00140139.2011.647096

Chapter 4 사춘기 이후
74 Coltman CE, Steele JR, McGhee DE. Does breast size affect how women participate in physical activity? J Sci Med Sport. 2019 Mar;22(3):324-329. doi: 10.1016/j.jsams.2018.09.226. • Burnett E, White J, Scurr J. The Influence of the Breast on Physical Activity Participation in Females. J Phys Act Health. 2015 Apr;12(4):588-94. doi: 10.1123/jpah.2013-0236. • Gehlsen G, Albohm M. Evaluation of Sports Bras. Phys Sportsmed. 1980 Oct;8(10):88-97. doi:

10.1080/00913847.1980.11948653. **75** Sports Medicine Australia: adapted from: https://sma.org.au/resources-advice/injury-fact-sheets/exercise-and-breast-support/ • Mason BR, Page KA, Fallon K. An analysis of movement and discomfort of the female breast during exercise and the effects of breast support in three cases. J Sci Med Sport. 1999 Jun;2(2):134-44. doi: 10.1016/s1440-2440(99)80193-5. • Scurr JC, White JL, Hedger W. Supported and unsupported breast displacement in three dimensions across treadmill activity levels. J Sports Sci. 2011 Jan;29(1):55-61. doi: 10.1080/02640414.2010.521944. • Bridgman C, Scurr J, White J, Hedger W, Galbraith H. Three-dimensional kinematics of the breast during a two-step star jump. J Appl Biomech. 2010 Nov;26(4):465-72. doi: 10.1123/jab.26.4.465. **76** Scurr J, Brown N, Smith J, Brasher A, Risius D, Marczyk A. The Influence of the Breast on Sport and Exercise Participation in School Girls in the United Kingdom. J Adolesc Health. 2016 Feb;58(2):167-73. doi: 10.1016/j.jadohealth.2015.10.005. • womenandsport.ca/resources/research-insights/rally-report/ • www.bbc.co.uk/news/health-60646352 • Scurr J, Brown N, Smith J, Brasher A, Risius D, Marczyk A. The Influence of the Breast on Sport and Exercise Participation in School Girls in the United Kingdom. J Adolesc Health. 2016 Feb;58(2):167-73. doi: 10.1016/j.jadohealth.2015.10.005. **77** McGhee DE, Steele JR. Biomechanics of Breast Support for Active Women. Exercise and sport sciences reviews. 2020 Jul 1;48(3):99-109. pubmed.ncbi.nlm.nih.gov/32271181/ • McGhee DE, Steele JR. Breast elevation and compression decrease exercise-induced breast discomfort. Med Sci Sports Exerc. 2010 Jul;42(7):1333-8. doi: 10.1249/MSS.0b013e3181ca7fd8. **80** Coltman, C.E., McGhee, D.E. & Steele, J.R. Bra strap orientations and designs to minimise bra strap discomfort and pressure during sport and exercise in women with large breasts. Sports Med – Open 1, 21 (2015). doi.org/10.1186/s40798-015-0014-z **81** A. Dhivya, V. P. R. P. ,S. S. (2016). Design and Development of Sports Intimate Apparel – A Review. SMART MOVES JOURNAL IJOSTHE, 3(1). ijosthe.com/index.php/ojssports/article/view/52 • Norris M, Blackmore T, Horler B, Wakefield-Scurr J. How the characteristics of sports bras affect their performance. Ergonomics. 2021 Mar;64(3):410-425. doi: 10.1080/00140139.2020.1829090. • Joanna Wakefield-Scurr et al. The effect of washing and wearing on sports bra function. Sports Biomechanics, 2022 DOI: 10.1080/14763141.2022.2046147 **82** Peitzmeier S, Gardner I, Weinand J, Corbet A, Acevedo K. Health impact of chest binding among transgender adults: a community-engaged, cross-sectional study. Cult Health Sex. 2017 Jan;19(1):64-75. doi: 10.1080/13691058.2016.1191675. • www.prideinpractice.org/articles/chest-binding-physician-guide • Brooke A. Jarrett, et al. Chest Binding and Care Seeking Among Transmasculine Adults. Transgender Health. Dec. www.ncbi.nlm.nih.gov/pmc/articles/PMC6298447/ **83** patient.info/news-and-features/how-to-bind-your-chest-safely **84** www.healthline.com/health/body-modification/nipple-piercing-aftercare **85** www.painfulpleasures.com/community/blog/client/nipple-piercing-guide-everything-you-need-to-know/ • www.medicalnewstoday.com/articles/318148

Chapter 5 임신과 모유 수유
88-97 Motosko CC, Bieber AK, Pomeranz MK, Stein JA, Martires KJ. Physiologic changes of pregnancy: A review of the literature. Int J Womens Dermatol. 2017 Oct 21;3(4):219-224. doi: 10.1016/j.ijwd.2017.09.003. • www.hopkinsmedicine.org/health/conditions-and-diseases/normal-breast-development-and-changes • www.healthline.com/health/pregnancy/pregnant-breast • breastcancernow.org/information-support/have-i-got-breast-cancer/breast-changes-during-after-pregnancy • sthk.nhs.uk/media/.leaflets/611a81f02798b8.27597630.pdf **90** Geraghty LN, Pomeranz MK. Physiologic changes and dermatoses of pregnancy. Int J Dermatol. 2011 Jul;50(7):771-82. doi: 10.1111/j.1365-4632.2010.04869.x. **93** www.who.int/health-topics/breastfeeding **95** Jaclyn Pillay & Tammy J. Davis. Physiology, Lactation. National Library of Medicine. July 2022 **98** www.forbes.com/health/family/unable-to-breastfeed/ **100-101** www.nhs.uk/conditions/baby/breastfeeding-and-bottle-feeding/breastfeeding/positioning-and-attachment/ **106** Boi B, Koh S, Gail D. The effectiveness of cabbage leaf application (treatment) on pain and hardness in breast engorgement and its effect on the duration of breastfeeding. JBI Libr Syst Rev. 2012;10(20):1185-1213. doi: 10.11124/01938924-201210200-00001 **110** Wilson E, Woodd SL, Benova L; Incidence of and Risk Factors for Lactational Mastitis: A Systematic Review. J Hum Lact. 2020 Nov36(4):673-686. doi: 10.1177/0890334420907898. **111** Lisa H. Amir, et al. Volume 111 Issue 12 Incidence of breast abscess in lactating women: report from an Australian cohort. International Journal of Obstetrics and Gynaecology. Nov 2004, doi.org/10.1111/j.1471-0528.2004.00272.x

Chapter 6 폐경 이후
117 Martinez AA, & Chung S. Breast Ptosis. National Library of Medicine. Jan 2022 **119** www.cdc.gov/cancer/breast/pdf/breast-cancer-screening-guidelines • digital.nhs.uk/data-and-information/publications/statistical/breast-screening-programme/england---2019-20 • Independent UK Panel on Breast Cancer Screening. The benefits and harms of breast cancer screening: an independent review. Lancet. 2012 Nov 17;380(9855):1778-86. doi: 10.1016/S0140-

6736(12)61611-0. • Hendrick RE, Baker JA, Helvie MA. Breast cancer deaths averted over 3 decades. Cancer. 2019 May 1;125(9):1482-1488. doi: 10.1002/cncr.31954. • Gøtzsche PC, Jørgensen KJ. Screening for breast cancer with mammography. Cochrane Database Syst Rev. Jun 2013 *120* paho.org/hq/dmdocuments/2015/WHO-ENG-Mammography-Factsheet.pdf *121* digital.nhs.uk/data-and-information/publications/statistical/breast-screening-programme/england---2019-20 • www.urmc.rochester.edu/news/publications/health-matters/mammograms-facts-on-false-positives *123* www.gov.uk/government/publications/breast-screening-helping-women-decide *124* progressreport.cancer.gov/detection/breast_cancer *125* Bond M, Pavey T, Welch K, Cooper C, Garside R, Dean S, Hyde C. Systematic review of the psychological consequences of false-positive screening mammograms. Health Technol Assess. 2013 Mar;17(13):1-170, v-vi. doi: 10.3310/hta17130 • Waller J, Douglas E, Whitaker KL, Wardle J. Women's responses to information about overdiagnosis in the UK breast cancer screening programme: a qualitative study. BMJ Open. 2013 Apr 22;3(4):e002703. doi: 10.1136/bmjopen-2013-002703.

Chapter 7 유방에 이상 신호가 생겼을 때
128 Goyal A. Breast pain. The British Medical Journal, Clin Evid. Oct 2014 Goyal A. Breast pain. BMJ Clin Evid. 2014 Oct 14;2014:0812. PMCID: PMC4200534. • cks.nice.org.uk/topics/breast-pain-cyclical Richard Sadovsky, Topical NSAIDs Relieve the Pain of Mastalgia, American Family Physician. 2003 *129* Vaziri F, et al. Comparing the effects of dietary flaxseed and omega-3 Fatty acids supplement on cyclical mastalgia in Iranian women: a randomized clinical trial. International Journal of Family Medicine. Aug 2014 doi: 10.1155/2014/174532. • Goyal A. Breast pain. BMJ Clin Evid. 2014 Oct 14;2014:0812. PMCID: PMC4200534. *136* www.cancerresearchuk.org/cancer-symptoms/what-is-an-urgent-referral *137* www.gov.uk/government/publications/breast-screening-helping-women-decide/nhs-breast-screening-helping-you-decide *139* Malherbe K, Khan M, Fatima S. Fibrocystic Breast Disease. National Library of Medicine. Oct 2021 • Ajmal M, Khan M, Van Fossen K. Breast Fibroadenoma. Breast Fibroadenoma. National Library of Medicine. Apr 2022.

Chapter 8 유방암
145 Apostolou P, Fostira F. Hereditary breast cancer: the era of new susceptibility genes. Biomed Res Int. 2013;2013:747318. doi: 10.1155/2013/747318. • www.nhs.uk/conditions/predictive-genetic-tests-cancer • www.bccp.org/resource/african-american-women-and-breast-cancerCragun D, et al. Racial disparities in BRCA testing and cancer risk management across a population-based sample of young breast cancer survivors. Cancer. July 2017. • breastcancernow.org/about-us/media/facts-statistics/how-are-people-ethnically-diverse-backgrounds-impacted-breast-cancer • Jones M et al. Smoking and risk of breast cancer in the Generations Study cohort. Breast cancer research. Nov 2017. • www.webmd.com/breast-cancer/overview-risks-breast-cancer *146* www.komen.org/breast-cancer/screening/screening-disparities • Yedjou CG, Sims JN, Miele L, Noubissi F, Lowe L, Fonseca DD, Alo RA, Payton M, Tchounwou PB. Health and Racial Disparity in Breast Cancer. Adv Exp Med Biol. 2019;1152:31-49. doi: 10.1007/978-3-030-20301-6_3. • news.cancerresearchuk.org/2016/11/16/black-african-women-almost-twice-as-likely-to-be-diagnosed-with-late-stage-breast-cancer-compared-to/ *146* Suther, S., Kiros, GE. Barriers to the use of genetic testing: A study of racial and ethnic disparities. Genet Med 11, 655-662 (2009). doi.org/10.1097/GIM.0b013e3181ab22aa *148* Gonçalves AK et al. Effects of physical activity on breast cancer prevention: a systematic review. Journal of Physical Activity and Health. Feb 2014 • Kotepui M. Diet and risk of breast cancer. Contemp Oncol (Pozn). 2016;20(1):13-9. doi: 10.5114/wo.2014.40560. • www.nhs.uk/live-well/exercise/exercise-guidelines/physical-activity-guidelines-for-adults-aged-19-to-64 • www.breastcanceruk.org/reduce-your-risk/physical-activity-and-exercise • Donaldson MS. Nutrition and cancer: a review of the evidence for an anti-cancer diet. Nutr J. 2004 Oct 20;3:19. doi: 10.1186/1475-2891-3-19. • J Connor, Alcohol consumption as a cause of cancer, Addiction, Feb 2017, doi.org/10.1111/add.13477 • breastcancernow.org/information-support/have-i-got-breast-cancer/breast-cancer-causes/alcohol-breast-cancer-risk • www.nhs.uk/live-well/alcohol-advice/calculating-alcohol-units/ *149* news.cancerresearchuk.org/2017/05/25/alcohol-and-breast-cancer-how-big-is-the-risk/ • Hamajima N et al. Collaborative Group on Hormonal Factors in Breast Cancer. • Alcohol, tobacco and breast cancer. British Journal of Cancer. 2002 Nov • World Cancer Research Fund/American Institute for Cancer Research. Continuous Update Project Findings & Reports. June 2017. *150* Thebms.org.uk/wp-content/uploads/2020/12/12-BMS-Tfc-Fast-Facts-HRT-and-Breast-Cancer-Risk-01D.pdf *152* www.fda.gov/food/food-additives-petitions/additional-information-about-high-intensity-sweeteners-permitted-use-food-united-states *153* Boutas I, et al. Soy Isoflavones and Breast Cancer Risk: A Meta-analysis. In vivo. Mar 2022. PMID: 35241506 • Finkeldey L, et al. Effect of the Intake of Isoflavones on Risk Factors of Breast Cancer. Nutrients. July 2021. *155* www.cancer.gov/about-cancer/causes-prevention/genetics/brca-fact-

참고 자료

sheet **156** Warner E et al. Prevalence and penetrance of BRCA1 and BRCA2 gene mutations in unselected Ashkenazi Jewish women with breast cancer. Journal of the National Cancer Institute. July 1999 doi: 10.1093/jnci/91.14.1241. **158** www.breastcanceruk.org.uk/breast-cancer-in-men/ **161** Office for National Statistics, Cancer survival by stage at diagnosis for England, 2019. **164** www.cancerresearchuk.org/about-cancer/breast-cancer/getting-diagnosed/tests-diagnose/hormone-receptor-testing-breast-cancer **165** Onitilo AA, Engel JM, Stankowski RV, Doi SA. Survival Comparisons for Breast Conserving Surgery and Mastectomy Revisited: Community Experience and the Role of Radiation Therapy. Clin Med Res. 2015 Jun;13(2):65-73. doi: 10.3121/cmr.2014.1245. **170** Jennifer A. et al, Exercise, Diet, and Weight Management During Cancer Treatment: ASCO Guideline, Journal of Clinical Oncology 40, no. 22 (August 01, 2022), DOI: 10.1200/JCO.22.00687 • Rikki A Cannioto et. al, Physical Activity Before, During, and After Chemotherapy for High-Risk Breast Cancer: Relationships With Survival, JNCI: Journal of the National Cancer Institute, Volume 113, Issue 1, January 2021, Pages 54-63, doi.org/10.1093/jnci/djaa046 • Holmes MD, Chen WY, Feskanich D, Kroenke CH, Colditz GA. Physical activity and survival after breast cancer diagnosis. JAMA. 2005 May 25;293(20):2479-86. doi: 10.1001/jama.293.20.2479. **171** breastcancernow.org/sites/default/files/publications/pdf/bcc6_exercises_booklet_2019_web.pdf **177** Fleissig A, Fallowfield LJ, Langridge CI, Johnson L, Newcombe RG, Dixon JM, Kissin M, Mansel RE. Post-operative arm morbidity and quality of life. Breast Cancer Res Treat. 2006 Feb;95(3):279-93. doi: 10.1007/s10549-005-9025-7. • DiSipio T, Rye S, Newman B, Hayes S. Incidence of unilateral arm lymphoedema after breast cancer: a systematic review and meta-analysis. Lancet Oncol. 2013 May;14(6):500-15. doi: 10.1016/S1470-2045(13)70076-7. **178** Couceiro TC, Valença MM, Raposo MC, Orange FA, Amorim MM. Prevalence of post-mastectomy pain syndrome and associated risk factors: a cross-sectional cohort study. Pain Manag Nurs. 2014 Dec;15(4):731-7. doi: 10.1016/j.pmn.2013.07.011. • Cui L, Fan P, Qiu C, Hong Y. Single institution analysis of incidence and risk factors for post-mastectomy pain syndrome. Sci Rep. 2018 Jul 31;8(1):11494. doi: 10.1038/s41598-018-29946-x. • Beyaz SG et al. Postmastectomy Pain: A Cross-sectional Study of Prevalence, Pain Characteristics, and Effects on Quality of Life. Chin Med J (Engl). 2016 Jan 5;129(1):66-71. doi: 10.4103/0366-6999.172589. **179** www.komen.org/breast-cancer/treatment/recurrence/survival-and-risk-of-recurrence/ • Braunstein LZ et al., Breast-cancer subtype, age, and lymph node status as predictors of local recurrence following breast-conserving therapy. Breast Cancer Res Treat. 2017 Jan;161(1):173-179. doi: 10.1007/s10549-016-4031-5. • Arvold ND et al., breast cancer subtype approximation, and local recurrence after breast-conserving therapy. J Clin Oncol. 2011 Oct 10;29(29):3885-91. doi: 10.1200/JCO.2011.36.1105. **181** www.cancer.org/content/dam/cancer-org/research/cancer-facts-and-statistics/breast-cancer-facts-and-figures-2019-2020.pdf • www.cancer.org/cancer/breast-cancer/about/how-common-is-breast-cancer.html • Ahlberg K, Ekman T, Gaston-Johansson F, Mock V. Assessment and management of cancer-related fatigue in adults. Lancet. 2003 Aug 23;362(9384):640-50. doi: 10.1016/S0140-6736(03)14186-4. • Bower JE, Ganz PA, Desmond KA, Rowland JH, Meyerowitz BE, Belin TR. Fatigue in breast cancer survivors: occurrence, correlates, and impact on quality of life. J Clin Oncol. 2000 Feb;18(4):743-53. doi: 10.1200/JCO.2000.18.4.743. • Maass SWMC et al. Fatigue among Long-Term Breast Cancer Survivors: A Controlled Cross-Sectional Study. Cancers (Basel). 2021 Mar 15;13(6):1301. doi: 10.3390/cancers13061301.

Chapter 9 유방 성형 수술

186 www.statista.com/chart/25322/plastic-surgery-procedures-by-type/ • www.nhs.uk/conditions/cosmetic-procedures/breast-enlargement/ • www.plasticsurgery.org/cosmetic-procedures/breast-augmentation/cost • www.webmd.com/beauty/cosmetic-procedures-breast-augmentation **188** www.bapras.org.uk/docs/default-source/Patient-Information-Booklets/rcs_bapras_guide_breast_augmentation.pdf • Headon H et.al. Capsular Contracture after Breast Augmentation: An Update for Clinical Practice. Arch Plast Surg. 2015 Sep;42(5):532-43. doi: 10.5999/aps.2015.42.5.532. **189** www.nhs.uk/conditions/pip-implants/ • www.mskcc.org/news/fda-s-new-guidance-breast-implants-what-breast-cancer-patients-need-know • files.digital.nhs.uk/publicationimport/pub02xxx/pub02731/clin-audi-supp-prog-mast-brea-reco-2011-rep1.pdf

마치며

196 www.theguardian.com/lifeandstyle/2019/feb/23/truth-world-built-for-men-car-crashes • Gehlsen G, & Albohm M. Evaluation of sports bras. The Physician and Sports Medicine. Oct 1980 pubmed.ncbi.nlm.nih.gov/29261415/

이 책의 정보를 뒷받침하는 출처 자료, 연구 및 조사의 포괄적인 목록을 보려면 다음 사이트를 방문하라: www.dk.com/breasts-biblio

찾아보기

ㄱ

가는바늘흡인(FNA) *138*
가슴 수유 *94*
가족력 *145~146, 149, 151, 154~157*
감시림프절 생검 *166~167*
갱년기 *30, 116, 118, 128*
거짓음성 *125*
겨드랑이 림프절 *28, 158, 162~163, 166, 177*
겨드랑이 막 증후군 *171, 178*
경화선증 *140*
과잉 진단 *125*
관내 유두종 *140*
관형 유방 *48*
국소 재발 *43, 179*
근육 테이프 *82~83*

ㄴ

난포기 *70, 72*
난포자극 호르몬(FSH) *46, 71~72*
남성 유방암 *158*
낭종 *139~140*
늦은 발달 *46*

ㄷ

다유두증 *34*
대상포진 *130, 133*
디에틸스틸베스트롤(DES) *146*

ㄹ

레이노병 *109, 131*
림프 부종 *171, 177~178, 181*
림프계 *28*
링 피어싱 *84*

ㅁ

마사지 *50, 106, 108, 176, 178, 191*
멀티웨이 브라 *57*
멍울 *29, 90*
면역 글로불린 *96*
면역 요법 *166, 168, 179~180*
모유 *93~94, 96~99*
모유 물집 *108*
모유 수유 *12, 15, 17~18, 33, 35, 58, 78~79, 91~110, 112~113, 131, 149, 195*
목선 *80~81*
몬도르병 *140~141*
몽고메리 결절 *32~33, 90*
밀로의 비너스 *16~17*
밑 밴드 *52~54, 56, 59~60, 62~65, 79~80*

ㅂ

바벨 피어싱 *84~85*
발육 부전 *48*
발코니 브라 *56, 58*
방사선 치료 *146, 165~169, 179~180*

찾아보기

부유방 34
분유 93~94, 104
불임 182
브라 관리 53
브라 교체 시기 53, 81
브라 구매 66~67
브라 사이즈 22, 59~62
브라 컵 54~55, 60~61, 81
브라렛 23, 57
브라의 구조 54~55
브라의 역사 20~23
브라의 종류 56~58
비대칭 31, 186, 191, 194~195
비정형 소엽 증식 145
비정형 유관 증식 145
비정형 증식 141
비침윤성 유방암 159

ㅅ

사람 표피 성장인자 수용체2(HER2) 146, 164
사전 재활 170
사춘기 30, 34, 46
사출반사 94, 97, 99, 107
산모용 브라 92
삼중 음성 유방암 146, 164
새는 모유 107
생식샘자극호르몬방출 호르몬(GnRH) 46, 71, 169
섬유낭병 139
섬유선종 90, 139~140
성숙유 96
성조숙증 30
소엽 26~27
소엽 신생물 141
소엽상피내암(LCIS) 141, 145, 159
수술 합병증 176~178
수술적 생체검사 138

수유 패드 107
수유용 브라 58, 92
스트랩리스 브라 58
스포츠 브라 23, 57, 77~82
신경종말 33, 35~36
신체 활동 74~76

ㅇ

아구창 109
아델리아 48
아로마타제 억제제 169
아마스티아 48
아마지아 48
어깨끈 54~55, 62, 80
에스트로겐 30, 71~73, 89~90, 95, 135, 169
에스트로겐 차단제 169
여성유방증 135, 158
역형성 대세포 림프종(BIA-ALCL) 153, 188~189
염증성 유방암 134, 159
옆 날개 81
옥시토신 13, 15, 33, 36, 97
운동 후 유방 통증 74
월경 주기 70~72
월경전 증후군(PMS) 70, 72
유관 12, 26~27
유관 막힘 108
유관 확장증 140
유두 13, 15, 17, 19, 29, 32~38, 48, 84~85, 90, 102, 105, 108~109, 131~132, 141, 194
유두 교정기 38, 102
유두 분비물 132
유두 통증 105, 131
유두 피어싱 84~85, 103
유두 혈관 경련 수축 109
유두의 구조 35
유륜 33

유방 거상 수술 191
유방 검진 38, 119, 124~125, 157
유방 낭종 117, 136, 140
유방 농양 111, 141
유방 바인더 82~83
유방 바인딩 82~83
유방 발진 133~134
유방 보존술 165
유방 보형물 124, 153, 166, 183, 187~189, 193
유방 불균형 107
유방 비대증 49
유방 비대칭 교정 수술 191
유방 성형 수술 186~195
유방 재건 수술 166, 192~195
유방 절제 수술 58, 103, 165~166, 178, 183
유방 절제술 후 통증 증후군(PMPS) 178
유방 점검 160~161
유방 처짐(유방하수증) 117~118
유방 촬영 121~122, 124, 136~137
유방 축소 수술 49, 190, 194~195
유방 클리닉 136
유방 통증 128~130
유방 확대 수술 103, 187~189, 194~195
유방과 광고 19
유방꼭지 26, 89
유방암 15, 39, 43, 119~120, 124~125, 134, 141, 144~183
유방암 고위험군 151, 157
유방암 등급 164
유방암 위험 인자 144~149
유방암 증상 160~161
유방암과 모유 수유 149
유방암과 식단 148
유방암과 신장 146
유방암과 음주 148~149
유방암과 인종 146
유방암과 임신 149
유방암과 체중 147
유방암과 흡연 149
유방암의 유형 159

유방암의 진단 161
유방암의 진행 단계 162~164
유방염 108, 110
유방의 구조 12, 26~28
유방의 발달 29~30, 46~47, 50~51
유방의 움직임 74~76
유방의 크기 14~15, 31, 49, 60~62
유방의 형태 31, 48~49
유방촬영술 121, 136
유선 26~27, 29~30, 34
유전자 검사 155~156
유전자 돌연변이 154~157
유즙분비증 29, 132
유축기 102, 104, 107
이행유 96
임신 중 변화 88~91

ㅈ

자가 검진 39~43, 111
자궁 내 장치(IUD) 73
자매 사이즈 63
잘 맞는 브라 62~67
재활 치료 171~175
전유 96
전이성 유방암 162, 179~180
접착식 브라 58
접촉 피부염 134
젖낭종 90, 111, 141
젖몸살 106
조기 유방 발육 30
조기 폐경 151
중심부바늘생검 138
지방 괴사 140
지방종 140

ㅊ

첫 브라 52~53
초유 90~91, 96
초음파 검사 137
치밀 유방 122, 145
침윤성 유방암 145, 159

ㅋ

코든병 157
코르셋 21~22
큰 유방 14~15, 49

ㅌ

태너 척도 47
테스토스테론 135
튼살 33, 88~90
티셔츠 브라 57

ㅍ

파제트병 134, 159
편평 유두 32, 102
폐경 37, 116, 145, 147, 150~151, 169, 182
폐경 후 116~117
포이츠-제거스 증후군 157
폴란드 증후군 48
풀 바인더 83
풀 컵 브라 57
프로게스테론 72, 89~90, 95
프로락틴 90~91, 95, 132

플런지 브라 57
피부 질환 131, 134
피부스침증 133
피어싱 거부반응 85
피임 73, 151

ㅎ

하프 바인더 83
함몰 유두 32, 37~38, 102
호르몬 대체 요법(HRT) 116, 150~151
호르몬 수용체 164
호르몬 치료 169, 182
호르몬 피임법 73, 151
혹과 돌기 34
화학 요법 166, 168
황체형성 호르몬(LH) 46, 71~72
회복 운동 171~175
후유 96, 99
흉터 관리 176, 191

기타

ATM 156
BMI와 유방암 147
BRCA1형 145~146, 156~157
BRCA2형 145~146, 156~157
CDH1 157
CHEK2 157
PALB2 156
PTEN 157
STK11 157
TLC 유방 점검 43
TNM 분류 163
TP53 156

감사의 글

저자의 감사 인사

말하기도 민망할 만큼 오랜 시간 동안 나에게 조언을 아끼지 않고 곁에서 든든한 존재가 되어 준 그레이엄 모 크리스티 에이전시의 에이전트 제인 그레이엄 모와 제니퍼 크리스티에게 감사 인사를 전한다.

집요한 열정으로 이 책에 생명을 불어넣어 준 출판사 돌링 킨더슬리의 선임 기획 편집자 자라 안바리에게도 감사한 마음이다. 내 글을 멋진 삽화로 옮겨 준 로렌 미첼과 한나 노튼(머리로는 알겠는데 어떻게 그려야 할지는 모르겠다!), 멋진 책 디자인을 맡아 준 한나 노튼과 타니아 다 실바 고메스에게도 감사를 드린다. 훌륭한 인내심으로 기다려 준 편집자 루시 센코프스카와 베키 알렉산더에게도 감사드린다. 이 책은 기획과 제작을 비롯해 판매와 홍보, 교정에 이르기까지 돌링 킨더슬리의 수많은 이들의 손을 거쳐 탄생할 수 있었다. 모든 분들께 깊은 감사를 표한다.

기꺼이 인터뷰를 허락하고 책 내용을 검토해 준 과학과 의학계 동료에게도 감사드린다. 유방외과 의사이자 유방암 생존자인 리즈 오리오던의 전문 지식은 누구도 따라올 자가 없다. 브라와 스포츠 브라의 사이즈 측정의 중요성에 대한 깊은 이해를 바탕으로, 여전히 복잡한 문제지만 이를 개선하기 위해 꾸준히 노력하고 있는 포츠머스 대학교의 조안나 웨이크필드-스커 교수와 유방 건강 연구팀에도 감사를 드린다. 재활 운동과 겨드랑이 막 증후군에 관해 아낌없는 조언을 해준 유방암 물리치료사 레베카 셀라스에게도 감사를 전한다.

수년 전부터 여전히 여성의 건강과 유방 건강에 대해 꾸준한 가르침을 주고 있는 나의 환자들에게도 깊은 감사를 드린다.

나의 가족들, 특히 일찍이 좋은 브라의 중요성을 가르쳐 주고 수많은 브라 쇼핑의 여정을 함께해 준 어머니께 감사드린다. 어릴 적 나의 언니는 유방을 '출렁이(wobbles)'라고 불렀다. 말 그대로 출렁이니까! 남편 벤과 아이들에게도 깊은 감사를 전한다. 책 쓰느라 바쁜 나를 참고 기다려 주었고(정말 미안하다. 가족 영화의 밤은 꼭 참석하려고 했는데 마감일이 너무 촉박했다!), 늘 곁에서 든든한 버팀목이 되어 주었다. 사랑스러운 아이들은 이제 유방과 브라의 역사에 대해 놀라울 만큼 많이 알고 있으며, 박물관이나 미술관에 들어갈 때면 여성의 유방을 어떻게 묘사했는지 경계하는 마음으로 지켜보기도 한다!

이 책을 집필하는 동안 상징적인 의미의 '유방'을 기꺼이 내어 주고, 응원해 준 나의 친구들 비키, 루시, 케이트, 수잔나에게도 감사를 전한다.

마지막으로 이 책을 읽고 또 이 메시지를 주변 사람에게 전달해 줄 독자 여러분께 깊은 감사 인사를 전한다. 팝스타 샤키라의 (약간 변형된) 노랫말을 빌리자면, 유방이 작고 소박하든 산과 헷갈릴 만큼 크든, 유방은 오롯이 여러분의 것이니 부디 소중히 돌보길 바란다.

DK의 감사 인사

동료 검토를 맡은 리즈 오리오던, 교정을 맡은 알렉스 휘틀턴, 색인을 작업한 루스 엘리스, 자료 사용 허가를 조율해 준 미리암 메가르비에게 감사를 전한다.

(.)(.)

지은이 필리파 케이

영국의 의사이자 방송인, 작가, 세 아이의 엄마다. 케임브리지 대학교 다우닝 칼리지에서 의학을 전공한 뒤 가이즈·킹스·세인트 토머스 의과대학에서 임상 수련을 받았다. 런던 전역의 병원에서 다양한 진료과를 거친 뒤 현재는 1차 진료의(GP)로 활동 중이다. 〈This Morning〉, 〈Vanessa Feltz on Talk TV〉 외의 다양한 방송과 라디오 프로그램에 정기적으로 출연하고 있다. 또한 잡지 〈Woman〉, 〈Woman & Home〉, 〈That's Life〉, 〈My Weekly Special〉, 웹사이트 〈MadeforMums〉의 자문 의사로도 활동하고 있다.

주요 저서로는 『The M Word: Everything You Need to Know About the Menopause(폐경에 대한 모든 것)』, 『Doctors Get Cancer Too(의사도 암에 걸린다)』가 있다. 『Doctors Get Cancer Too』에서는 39세의 나이에 대장암 진단을 받은 자신의 경험을 솔직하게 풀어냈다.

옮긴이 안솔비

글밥 아카데미 수료 후 바른번역 소속 번역가로 활동하고 있다. 어릴 때부터 우리말과 영어를 좋아했고 현재는 두 언어에 발을 담그고 일한다. 옮긴 책으로는 『멘탈을 회복하는 연습』, 『완벽이 아닌 최선을 위해』 등이 있다.

바디 사이언스: 유방

발행일	2025년 8월 4일 초판 1쇄 발행
지은이	필리파 케이
옮긴이	안솔비
발행인	강학경
발행처	시그마북스
마케팅	정제용
에디터	신영선, 최연정, 최윤정, 양수진
디자인	강서형, 김문배, 정민애, 강경희
등록번호	제10-965호
주소	서울특별시 영등포구 양평로 22길 21 선유도코오롱디지털타워 A402호
전자우편	sigmabooks@spress.co.kr
홈페이지	http://www.sigmabooks.co.kr
전화	(02) 2062-5288~9
팩시밀리	(02) 323-4197
ISBN	979-11-6862-377-4 (03510)

Original Title: Breasts: An Owner's Guide
Copyright ⓒ 2023 Dorling Kindersley Limited
A Penguin Random House Company
Korean translation copyright ⓒ 2025 by SIGMA BOOKS

www.dk.com

이 책은 저작권법에 의해 한국 내에서 보호를 받는 저작물이므로 무단 전재와 무단 복제를 금합니다.

파본은 구매하신 서점에서 바꾸어드립니다.

* 시그마북스는 (주)시그마프레스의 단행본 브랜드입니다.

면책 조항

이 책의 정보는 다루고 있는 특정 주제와 관련해 일반적인 지침을 제공하기 위해 작성됐습니다. 특정 상황과 특정 장소에 대한 의료, 건강관리, 제약, 기타 전문적인 조언을 대신할 수 없으며 그런 용도로 사용해서도 안 됩니다. 의학적 치료는 시작, 변경, 중단하기 전에 담당 주치의와 상담하시기 바랍니다. 저자가 아는 한, 이 책에서 제공하는 정보는 2022년 11월을 기준으로 정확한 최신 정보입니다. 관행, 법률, 규정은 모두 변경되기 마련이므로 독자는 이런 문제에 대해서 최신 전문가의 조언을 구해야 합니다. 이 책에 제품이나 치료법, 조직의 명칭이 언급됐다고 해서 이를 저자 또는 출판사가 보증한다는 의미는 아니며, 그런 명칭이 누락되었다고 해서 인증 거부를 의미하지도 않습니다. 저자와 출판사는 법이 허용하는 한 이 책에 포함된 정보의 사용 또는 오용으로 인해 직간접적으로 발생하는 모든 책임을 부인합니다.

성 정체성에 관한 참고 사항

출판사는 모든 성 정체성을 인정하며, 출생 시 성기를 기준으로 지정된 성별이 본인의 성 정체성과 일치하지 않을 수 있음을 인정합니다. 사람들은 자신을 어떤 성별로든, 어떤 성별도 아닌 것으로든 규정할 수 있습니다. 젠더 언어와 그 사용 방식이 우리 사회에서 진화함에 따라 과학 및 의료계는 지속적으로 자체 표현 방식을 재평가하고 있습니다. 이 책에 언급된 대부분의 연구에서는 출생 시 여성으로 지정된 사람을 '여성', 남성으로 지정된 사람을 '남성'으로 지칭합니다.